全国高级技工学校电气自动化设备安装与维修专业教材

PLC 应用技术

（三菱 下册）

人力资源和社会保障部教材办公室组织编写

中国劳动社会保障出版社

内容简介

本书为全国高级技工学校电气自动化设备安装与维修专业教材。主要内容包括功能指令应用、PLC综合应用技术两大部分，分为彩灯控制系统、密码锁控制系统、简易定时报时器、自动售货机控制系统、PLC控制变频器实现电动机的正反转、PLC控制变频器实现电动机多段速调速控制、PLC/触摸屏控制电动机Y—△降压启动、触摸屏/PLC/变频器综合实现电动机调速控制等8个专题任务。此外，还列出4个有关FX系列的指令和特殊软元件的附录。

本书由杨杰忠、邹火军主编，谭顺学、钟坚副主编，冯志坚、李爱丽、勾东海、甘梓坚、覃泽涛、冯平、刘卫东、付婕参加编写；恽琦审稿。

图书在版编目（CIP）数据

PLC应用技术：三菱. 下册/人力资源和社会保障部教材办公室组织编写. —北京：中国劳动社会保障出版社，2012

全国高级技工学校电气自动化设备安装与维修专业教材

ISBN 978 - 7 - 5045 - 9655 - 0

Ⅰ.①P…　Ⅱ.①人…　Ⅲ.①plc技术-技工学校-教材　Ⅳ.①TM571.6

中国版本图书馆CIP数据核字（2012）第088201号

中国劳动社会保障出版社出版发行

（北京市惠新东街1号　邮政编码：100029）

出版人：张梦欣

＊

北京市艺辉印刷有限公司印刷装订　新华书店经销

787毫米×1092毫米　16开本　14.75印张　338千字

2012年5月第1版　2023年12月第11次印刷

定价：28.00元

营销中心电话：400-606-6496

出版社网址：http://www.class.com.cn

http://jg.class.com.cn

前　言

为了更好地适应高级技工学校电气自动化设备安装与维修专业的教学要求，全面提升教学质量，人力资源和社会保障部教材办公室组织有关学校的一线教师和行业、企业专家，在充分调研企业生产和学校教学情况的基础上，吸收和借鉴各地高级技工学校教学改革的成功经验，在原有同类教材的基础上，重新组织编写了高级技工学校电气自动化设备安装与维修专业教材。

本次教材编写工作的目标主要体现在以下几个方面：

第一，完善教材体系，定位科学合理。

针对初中生源和高中生源培养高级工的教学要求，调整和完善了教材体系，使之更符合学校教学需求。同时，根据电气自动化设备安装与维修专业高级工从事相关岗位的实际需要，合理确定学生应具备的能力和知识结构，对教材内容的深度、难度做了适当调整，加强了实践性教学内容，以满足技能型人才培养的要求。

第二，反映技术发展，涵盖职业标准。

根据相关工种及专业领域的最新发展，更新教材内容，在教材中充实新知识、新技术、新材料、新工艺等方面的内容，体现教材的先进性。教材编写以国家职业标准为依据，涵盖相关国家职业标准中、高级的知识和技能要求，并在与教材配套的习题册中增加了相关职业技能考试的练习题。

第三，融入先进理念，引导教学改革。

专业课教材根据一体化教学模式需要编写，将工艺知识与实践操作有机融为一体，构建"做中学，学中做"的学习过程；通用专业知识教材根据所授知识的特点，注意设计各类课堂实验和实践活动，将抽象的理论知识形象化、生动化，引导教师不断创新教学方法，实现教学改革。

第四，精心设计形式，激发学习兴趣。

在教材内容的呈现形式上，较多地利用图片、实物照片和表格等形式将知识点生动地展示出来，力求让学生更直观地理解和掌握所学内容。针对不同的知识点，设计了许多贴近实际的互动栏目，在激发学生学习兴趣和自主学习积极性的同时，使教材"易教易学，易懂易用"。

第五，开发辅助产品，提供教学服务。

根据大多数学校的教学实际，部分教材还配有习题册和教学参考书，以便于教师教学和学生练习使用。此外，教材基本都配有方便教师上课使用的电子教案，并可通过中国劳动社会保障出版社网站（http://www.class.com.cn）免费下载，其中部分教案在教学参考书中还以光盘形式附赠。

　　本次教材编写工作得到了河北、黑龙江、江苏、山东、河南、广东、广西等省、自治区人力资源和社会保障厅及有关学校的大力支持，在此我们表示诚挚的谢意。

人力资源和社会保障部教材办公室

2011 年 3 月

目　录

课题四

功能指令应用

考工要求

行为领域	鉴定范围	鉴定点	重要程度
理论知识	可编程控制系统读图分析与程序编制及调试	1. 功能指令的应用 2. 可编程序控制器编程技巧 3. 用编程软件对程序进行监控与调试的方法 4. 程序错误的纠正步骤与方法	★★
操作技能	可编程控制系统读图分析与程序编制及调试	1. 能使用功能指令编写程序 2. 能用可编程序控制器控制程序改造原来由继电器组成的控制电路 3. 能使用编程软件来模拟现场信号进行功能指令为主的程序调试	★★★

任务1　彩灯控制系统

学习目标

知识目标：

1. 掌握数据寄存器的分类、功能。

2. 掌握数据传送、循环及移位等功能指令的功能及使用原则。

能力目标：

1. 能根据控制要求，灵活地应用数据传送、循环及移位等功能指令，完成彩灯控制系统的程序设计。

2. 掌握彩灯的 PLC 控制系统的线路安装与调试方法。

工作任务

生活中常见的各种装饰彩灯、广告彩灯，以日光灯、白炽灯作为光源，在控制设备的控制下能变幻出各种效果。其中，中小型彩灯的控制设备多为数字电路。而大型楼宇的轮廓装饰或大型晚会的灯光布景等，由于其变化多、功率大，数字电路难以胜任，更多的是应用 PLC 进行控制。图 4—1—1 所示为几款常见的彩灯画面，这些彩灯的亮灭、闪烁时间及流动方向的控制均是通过 PLC 来完成的。

图 4—1—1　常见的几款彩灯画面

在实际生活中，应用彩灯进行装饰时，有些场合要求彩灯有多种运行方式可供选择。由于在 PLC 指令系统中设置了一些功能指令，因而用 PLC 进行彩灯控制显得尤为方便。本次任务的主要内容是通过移位、数据传送等简单的功能指令实现彩灯追灯的控制。

任务内容及要求：现有 HL1～HL8 共 8 盏霓虹灯，当按下启动按钮后，系统开始工作，工作方式如下：

（1）按下启动按钮后，霓虹灯 HL1～HL8 以正序（从左到右）每隔 1 s 依次点亮。

（2）当第八盏霓虹灯 HL8 点亮后，再反向逆序（从右到左）每隔 1 s 依次点亮。

（3）当第一盏霓虹灯 HL1 再次点亮后，重复循环上述过程。

（4）当按下停止按钮后，霓虹灯控制系统停止工作。

任务准备

实施本任务所需要的实训设备及工具材料见表 4—1—1。

表 4—1—1　　　　　　　　　　　　　　实训设备及工具材料

序号	分类	名称	型号规格	数量	单位	备注
1	工具	电工常用工具		1	套	
2	仪表	万用表	MF47 型	1	块	

续表

序号	分类	名称	型号规格	数量	单位	备注
3	设备器材	编程计算机		1	台	
4		接口单元		1	套	
5		通信电缆		1	条	
6		可编程序控制器	FX2N – 48MR	1	台	
7		安装配电盘	600 mm ×900 mm	1	块	
8		导轨	C45	0.3	m	
9		空气断路器	Multi9 C65N D20	1	只	
10		熔断器	RT28 – 32	6	只	
11		按钮	LA10 – 2H	1	只	
12		指示灯		8	只	
13		端子	D – 20	20	只	
14	消耗材料	铜塑线	BV1/1.37 mm²	10	m	主电路
15		铜塑线	BV1/1.13 mm²	15	m	控制电路
16		软线	BVR7/0.75 mm²	10	m	
17		紧固件	M4 ×20 螺杆	若干	只	
18			M4 ×12 螺杆	若干	只	
19			ϕ4 mm 平垫圈	若干	只	
20			ϕ4 mm 弹簧垫圈及 M4 螺母	若干	只	
21		号码管		若干	m	
22		号码笔		1	支	

任务分析

通过对上述控制要求的分析可知，八盏霓虹灯依次点亮的控制可用基本指令编写，但是由于程序步数较长，编写过于烦琐。本任务主要介绍一种通过移位及传送功能指令控制的步数简短的8盏霓虹灯控制系统。

相关知识

一、位元件、字元件和位组合元件

在前面任务中所介绍的输入继电器 X、输出继电器 Y、辅助继电器 M 以及状态继电器 S 等编程元件在 PLC 内部反映的是"位"的变化，主要用于开关量信息的传递、变换及逻辑处理，称为位元件。而在 PLC 内部，由于功能指令的引入，需要进行大量的数据处理，因而需要设置大量用于存储数值的软元件，这些元件大多以存储器字节或者字为存储单位，所以将这些能处理数值数据的元件统称为字元件。

位组合元件是一种字元件。在 PLC 中，人们常希望能直接使用十进制数据。为此，FX 系列 PLC 中使用 4 位 BCD 码表示一位十进制数据，由此产生了位组合元件，它将 4 位位元件成组使用。位组合元件在输入继电器、输出继电器及辅助继电器中都有使用。位组合元件的表达方式为 KnX、KnY、KnM、KnS 等形式，式中 Kn 指有 n 组这样的数据。如 KnX000 表示位组合元件是由从 X000 开始的 n 组位元件组合。若 n 为 1，则 K1X000 是指 X003、X002、X001、X000 四位输入继电器组合；若 n 为 2，则 K2X000 是指 X007 ~ X000 八位输入继电器组合；若 n 为 4，则 K4X000 是指 X017 ~ X010、X007 ~ X000 十六位输入继电器组合。

二、数据寄存器（D）

数据寄存器（D）是用来存储数值数据的字元件，其数值可以通过功能指令、数据存取单元（显示器）及编程装置读出与写入。FX 系列 PLC 的数据寄存器容量为双字节（16 位），而且最高位为符号位，也可以把两个寄存器合并起来存放一个四字节（32 位）的数据，最高位仍为符号位。最高位为 0，表示正数；最高位为 1，表示负数。

FX 系列 PLC 的数据寄存器分为以下四类：

1. 通用型数据寄存器（D0 ~ D199，共 200 点）

存放在该类数据寄存器中的数据，只要不写入其他数据，其内容保持不变。它具有易失性，当 PLC 由运行状态（RUN）转为停止状态（STOP）时，该类数据寄存器的数据均为 0。当特殊辅助继电器 M8033 置 1 时，PLC 由运行状态（RUN）转为停止状态（STOP），数据可以保持。

2. 失电保持型（掉电保持型）数据寄存器（D200 ~ D511，共 312 点）

失电保持型数据寄存器与通用型数据寄存器一样，除非改写，否则原有数据不会变化。它与通用型数据寄存器不同的是，无论电源是否掉电，PLC 运行与否，其内容不会变化，除非向其中写入新的数据。需要注意的是当两台 PLC 做点对点的通信时，D490 ~ D509 用做通信。

3. 特殊型数据寄存器（D8000 ~ D8255，共 256 点）

这些数据寄存器供监控 PLC 中各种元件的运行方式之用。其内容在电源接通时写入初始值（先全部清 0，然后由系统 ROM 安排写入初始值）。例如，D8000 所存警戒监视时钟的时间由系统 ROM 设定。若要改变时，用传送指令将目的时间送入 D8000。该值在 PLC 由运行状态（RUN）转为停止状态（STOP）时保持不变。没有定义的数据寄存器请用户不要使用。

4. 文件数据寄存器（D1000 ~ D2999，共 2000 点）

文件数据寄存器实际上是一类专用数据寄存器，用于存储大量的数据，例如采集数据、统计计算数据、多组控制参数等。其数值由 CPU 的监视软件决定，但可通过扩充存储器的方法加以扩充。

文件数据寄存器占用用户程序存储器（EPROM、E²PROM）的一个存储区，以 500 点为一个单位，最多可在参数设置时设置 2000 点，用编程器可进行写入操作。

三、功能指令简介

PLC 的功能指令或称应用指令，是指在完成基本逻辑控制、定时控制、顺序控制的基础上，PLC 制造商为满足用户不断提出的一些特殊控制要求而开发的指令，如程序控制类指令、数据处理类指令、特种功能类指令、外部设备类指令等。

1. 功能指令与基本指令的比较

与基本指令不同，功能指令不是表达梯形图符号间的相互关系，而是直接表达指令的功能。FX 系列 PLC 在梯形图中使用功能框（中括号）表示功能指令。图 4—1—2a 所示是功能指令梯形图示例。图中 M8002 的常开触点是功能指令的执行条件（工作条件），其后的方框（中括号）即为功能框。功能框中分栏表示指令的名称、相关数据或数据的存储地址。这种表达方式的优点是直观、易懂。图 4—1—2a 中指令的功能是：当 M8002 接通时，十进制常数 10 被送到输出继电器 Y000 ~ Y003 中去（传送时 K10 自动作二进制变换），相当于如图 4—1—2b 所示的用基本指令实现的程序。可见，完成同样任务，用功能指令编写的程序要简练得多。

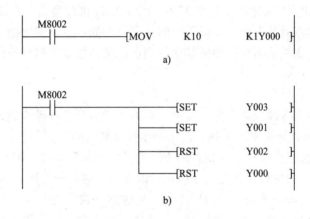

图 4—1—2 用功能指令与基本指令实现同一任务的比较

a）功能指令 b）基本指令

2. 功能指令的组成要素和格式

（1）编号

功能指令用编号 FNC00 ~ FNC294 表示，并给出对应的助记符。例如 FNC12 的助记符是 MOV（传送），FNC45 的助记符是 MEAN（求平均数）。使用简易编程器时应键入编号，如 FNC12、FNC45 等；使用编程软件时应键入助记符，如 MOV、MEAN 等。

（2）助记符

指令名称用助记符表示，功能指令的助记符为该指令的英文缩写词。如传送指令"MOVE"简写为 MOV，加法指令"ADDITION"简写为 ADD，采用这种方式便于用户了解指令功能。如图 4—1—3 所示梯形图中的助记符 MOV、DMOVP，其中 DMOVP 中的"D"表示数据长度，"P"表示执行形式。

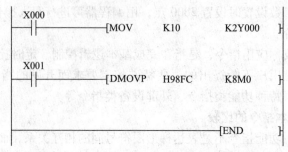

图 4—1—3 说明功能指令助记符的梯形图

（3）数据长度

功能指令按处理数据的长度分为 16 位指令和 32 位指令。其中，32 位指令在助记符前加"D"，若助记符前无"D"则为 16 位指令。例如，MOV 是 16 位指令，DMOV 是 32 位指令。

（4）执行形式

功能指令有脉冲执行型和连续执行型两种形式。在指令助记符后标有"P"的为脉冲执行型，无"P"的为连续执行型。例如：MOV 是连续执行型 16 位指令，MOVP 为脉冲执行型 16 位指令，而 DMOVP 为脉冲执行型 32 位指令。脉冲执行型指令在执行条件满足时仅执行一个扫描周期，这点对数据处理有很重要的意义。例如：一条加法指令在脉冲执行时，只将加数和被加数做一次加法运算。而连续执行型加法运算指令在执行条件满足时，每一个扫描周期都要相加一次。

（5）操作数

操作数是指功能指令涉及或产生的数据。有的功能指令没有操作数，大多数功能指令有 1～4 个操作数。操作数分为源操作数、目标操作数及其他操作数。

1）源操作数。源操作数是指令执行后不改变其内容的操作数，用 S 表示。

2）目标操作数。目标操作数是指令执行后改变其内容的操作数，用 D 表示。

3）其他操作数。m 与 n 表示其他操作数。其他操作数常用来表示常数或者对源操作数和目标操作数作出补充说明。表示常数时，K 为十进制常数，H 为十六进制常数。某种操作数为多个时，可用数码区别，如 S1、S2。

操作数从根本上来说，是参加运算数据的地址。地址是依元件的类型分布在存储区中的。由于不同指令对参与操作的元件类型有一定限制，因此，操作数的取值就有一定的范围。正确地选取操作数类型，对正确使用指令有很重要的意义。

功能指令的格式如图 4—1—4 所示。

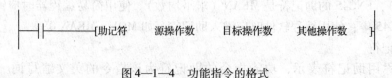

图 4—1—4 功能指令的格式

四、传送指令（MOV）

1. 指令的助记符及功能

数据传送指令的助记符及功能见表 4—1—2。

助记符	功能	操作数		程序步数
		（S.）	（D.）	
MOV（FNC12）	将一个存储单元的数据存到另一个存储单元	K、H、KnX、KnY、KnM、KnS、T、C、D、V、Z	KnY、KnM、KnS、T、C、D、V、Z	MOV（P），5步 DMOV（P），9步

表4—1—2   数据传送指令的助记符及功能

2. 指令的使用方法

传送指令的使用方法如图4—1—5所示。

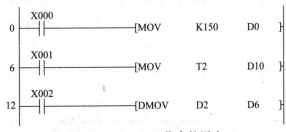

图4—1—5 MOV指令的用法

指令使用说明如下：

（1）在图4—1—5中，当X000闭合时，将源K150传送到目标D0；当X001闭合时，将T2的当前值传送到D10。传送时，K150自动作二进制变换。

（2）当32位传送时，用DMOV指令，源为（D3）D2，目标为（D7）D6。D3、D7自动被占用。

3. 编程实例

（1）编程实例一

如图4—1—6所示，当X000 = OFF时，MOV指令不执行，D1中的内容保持不变；当X000 = ON时，MOV指令将K50传送到D1中去。

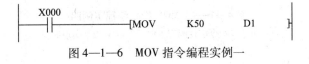

图4—1—6 MOV指令编程实例一

（2）编程实例二

定时器、计数器设定值也可以由MOV间接指定，如图4—1—7所示，T0的设定值为50。

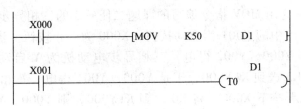

图4—1—7 MOV指令编程实例二

（3）编程实例三

如图 4—1—8 所示，梯形图为读出定时器、计数器的当前值。当 X000 = ON 时，T0 的当前值被读出到 D1 中。

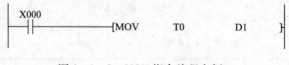

图 4—1—8　MOV 指令编程实例三

（4）编程实例四

如图 4—1—9a 所示的基本指令编程程序可用如图 4—1—9b 所示的 MOV 指令编程来完成。

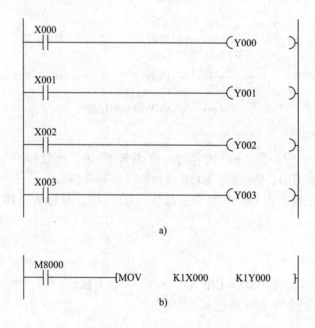

图 4—1—9　MOV 指令编程实例四

a）用基本指令实现编程　b）用 MOV 指令实现编程

（5）编程实例五

使用传送指令编写本教材上册课题二任务 3 的三相异步电动机 Y—△降压启动控制程序。

图 4—1—10 所示为用 MOV 指令编写的课题二任务 3 的三相异步电动机 Y—△降压启动控制的梯形图。图中的 X001 为启动按钮，X000 为停止按钮。当 X001 闭合时，将 K5 送到 K1Y000，则 Y000、Y002 得电，三相异步电动机为 Y 启动。延时 5 s 后，将 Y002 复位，同时将 K3 送到 K1Y000，于是 Y000、Y001 得电，三相异步电动机为△运行。需要停止时，只要按下 X000，将 K0 送到 K1Y000，则 Y000、Y001 失电，三相异步电动机停止运行。

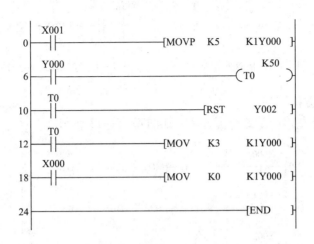

图 4—1—10　用 MOV 指令实现的 Y—△降压启动程序

 提示

采用功能指令编程要比采用基本指令进行编程优越得多，具体表现为采用功能指令进行编程除了具有表达方式直观、易懂的优点外，完成同样的任务，用功能指令编写的程序要简练得多。

五、循环及移位指令

循环及移位指令包括循环右移，循环左移，带进位右移、左移，位右移，位左移，字右移，字左移等指令。在此只介绍与本任务有关的循环右移（ROR）和循环左移（ROL）两种指令。

1. 指令的助记符及功能

循环右移和循环左移指令的助记符及功能见表 4—1—3。

表 4—1—3　　　　　　　　　循环移位指令的助记符及功能

助记符	功能	操作数		程序步数
		（D.）	n	
ROR （FNC30）	将目标元件的位循环右移 n 次	KnX、KnY、KnM、KnS、T、C、D、V、Z	K、H　　16 位 $n \leqslant 16$	ROR（P）：5 步 DROR（P）：9 步
ROL （FNC31）	将目标元件的位循环左移 n 次	KnX、KnY、KnM、KnS、T、C、D、V、Z	32 位 $n \leqslant 32$	ROL（P）：5 步 DROL（P）：9 步

2. 指令的使用格式

循环右移和循环左移指令的使用格式分别如图 4—1—11 和图 4—1—12 所示。

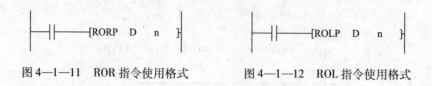

图 4—1—11　ROR 指令使用格式　　　　图 4—1—12　ROL 指令使用格式

3. 指令的使用方法

循环右移和循环左移指令的使用方法，如图 4—1—13 所示。

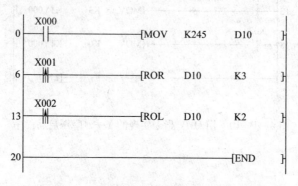

图 4—1—13　循环右移和循环左移指令的使用

指令使用说明如下：

（1）每执行一次 ROR 指令，目标元件中的位循环右移 n 位，最终从低位被移出的位同时存入进位标志 M8022 中。

（2）每执行一次 ROL 指令，目标元件中的位循环左移 n 位，最终从低位被移出的位同时存入进位标志 M8022 中。

（3）执行图 4—1—13 时，若 X000 闭合，D10 的值为 245。图 4—1—14 所示为运行情况，在图 4—1—14a 中，当 X001 闭合 1 次，执行 ROR 指令 1 次，D10 右移 3 位，此时 D10 = −24 546，同时进位标志 M8022 为"1"。在图 4—1—14b 中，当 X002 闭合 1 次时，执行 ROL 指令 1 次，D10 的各位左移 2 位，此时 D10 = 980，同时进位标志 M8022 为"0"。

（4）在指定位软元件场合，只有 K4（16 位）或 K8（32 位）才有效，例如 K4Y10、K8M0 有效，而 K1Y0、K2M0 无效。

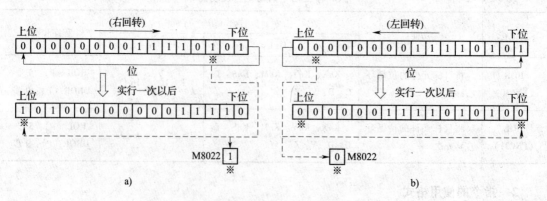

图 4—1—14　梯形图的执行情况

4. 编程实例

在如图 4—1—15 所示的梯形图中，当 X002 的状态由 OFF 向 ON 变化一次时，D1 中的 16 数据往右移 4 位，并将最后一位从最右位移出的状态送入进位标志位（M8022）中。若 D1 = 1111 0000 1111 0000，则执行上述移位后，D1 = 0000 1111 0000 1111，M8022 = 0。循环左移的功能与循环右移类似，只是移位方向是向左移而已。

图 4—1—15　ROR 指令编程实例

提示

采用循环右移和循环左移指令应注意以下几个方面：

（1）指令 ROR、ROL 用来对〔D〕的数据以 n 位为单位进行循环右移、左移。

（2）目标操作数〔D〕可以是如下形式：KnY、KnM、KnS、T、C、D、V、Z；操作数 n 用来指定每次移位的"位"数，其形式可以为 K 或 H。

（3）目标操作数〔D〕可以是 16 位或者 32 位数据。若为 16 位操作，n < 16；若为 32 位操作，需在指令前加"D"，并且此时的 n < 32。

（4）若〔D〕使用位组合元件，则只有 K4（16 位指令）或 K8（32 位指令）有效，即形式如 K4Y10、K8M0 等。

（5）指令通常使用脉冲执行型操作，即在指令后加字母"P"；若连续执行，则循环移位操作每个周期都执行一次。

任务实施

一、分配输入点和输出点，写出 I/O 通道地址分配表

根据任务控制要求，可确定 PLC 需要 2 个输入点，8 个输出点，其 I/O 通道分配表见表 4—1—4。

表 4—1—4　　　　　　　　　　　　I/O 通道地址分配表

输　　入			输　　出		
元件代号	作用	输入继电器	元件代号	作用	输出继电器
SB1	启动按钮	X000	HL1	第一盏霓虹灯	Y000
SB2	停止按钮	X001	HL2	第二盏霓虹灯	Y001

续表

输　入	输　出		
	HL3	第三盏霓虹灯	Y002
	HL4	第四盏霓虹灯	Y003
	HL5	第五盏霓虹灯	Y004
	HL6	第六盏霓虹灯	Y005
	HL7	第七盏霓虹灯	Y006
	HL8	第八盏霓虹灯	Y007

二、画出 PLC 接线图（I/O 接线图）

PLC 接线图 I/O 接线图如图 4—1—16 所示。

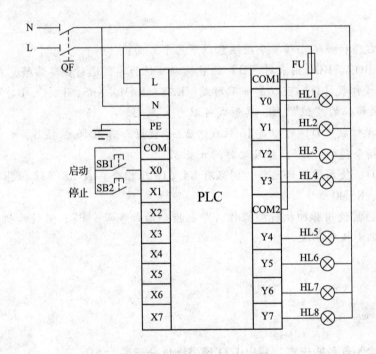

图 4—1—16　霓虹灯的 I/O 接线图

三、程序设计

根据 I/O 通道地址分配表及任务控制要求分析可知，可采用数据传送指令和移位及循环指令进行梯形图的设计，编程思路如下：

1. 霓虹灯 HL1～HL8 以正序点亮控制的程序设计

当按下启动按钮 SB1 时，输入继电器 X000 接通，霓虹灯 HL1～HL8 以正序（从左到右）点亮，此时 Y007～Y000 的状态依次应该是 0000 0001，0000 0010，…，1000 0000，0000 0001，此操作可以使用循环左移指令实现。其梯形图程序如图 4—1—17 所示。其控制原理是：当 X000 置 1 时，上升沿置初值，Y000 = 1；Y000 常开触点接通控制正序启动程序的辅助继电器 M0，M0 的常开触点与 1 s 连续脉冲 M8013 串联，并通过左循环移位指令控制霓虹灯按正序每秒亮灯左移 1 位。当需要停止时，只要按下停止按钮 SB2，使 X001 置 1 时，上升沿置初值，通过传送指令使 K = Y000 置 0 关灯。

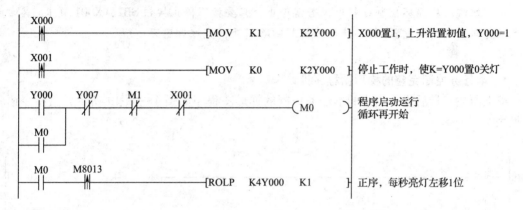

图 4—1—17　霓虹灯 HL1 ~ HL8 以正序点亮控制的程序

在程序启动运行和循环再开始回路中串入 Y007 和 M1 的常闭触点的目的是：当霓虹灯依次点亮到第八盏灯时，Y007 置 1，其常闭触点断开程序启动运行和循环再开始回路，使 M0 置 0，断开正序控制回路。而 M1 的常闭触点起着正反序控制的连锁作用。

2. 霓虹灯 HL1 ~ HL8 以反序点亮控制的程序设计

同样，逆序点亮也可以使用循环右移指令来实现，其梯形图程序如图 4—1—18 所示。其控制原理是：当霓虹灯 HL1 ~ HL8 以正序点亮至第八盏灯时，Y007 置 1，其常闭触点断开，正序停止循环；M1 置 1，其常开触点接通反序控制回路，霓虹灯 HL1 ~ HL8 以反序每秒亮灯右移 1 位。当霓虹灯 HL1 ~ HL8 以反序点亮至第一盏灯时，Y000 置 1，其常闭触点断开，反序右移停止循环；M0 置 1，其常开触点接通正序控制回路，霓虹灯开始下一次点亮循环控制。

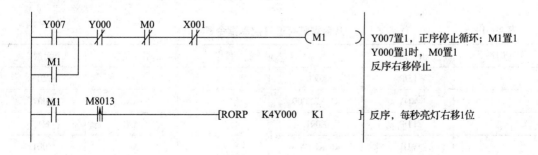

图 4—1—18　霓虹灯 HL1 ~ HL8 以反序点亮控制的程序

提示

在霓虹灯反序循环控制过程中，若需停止，只要按下停止按钮SB2，X001置1，其常闭触点就会断开辅助继电器M1，使反序控制回路断开，霓虹灯熄灭。

3. 本任务控制完整的梯形图程序设计

综上所述，最后设计出来的本任务控制的梯形图程序如图4—1—19所示，其指令语句表见表4—1—5。

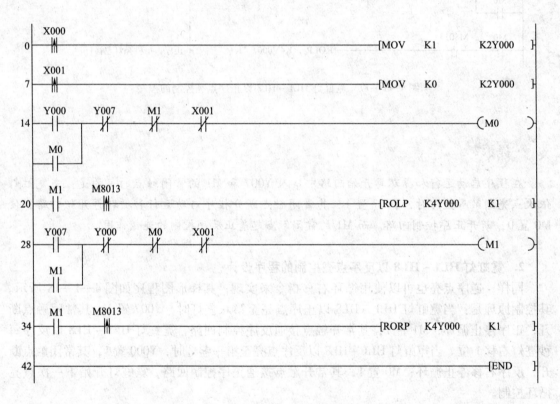

图4—1—19 八盏霓虹灯追灯控制梯形图

表4—1—5　　　　　　　　八盏霓虹灯追灯控制指令表

步序	指令语句	元素	步序	指令语句	元素
0	LDP	X000	5	OR	M0
1	MOV	K1 K2Y000	6	ANI	Y007
2	LDP	X001	7	ANI	M1
3	MOV	K0 K2Y000	8	ANI	X001
4	LD	Y000	9	OUT	M0

续表

步序	指令语句	元素	步序	指令语句	元素
10	LD	M0	17	ANI	X001
11	ANDP	M8013	18	OUT	M1
12	ROLP	K4Y000 K1	19	LD	M1
13	LD	Y007	20	ANDP	M8013
14	OR	M1	21	RORP	K4Y000 K1
15	ANI	Y000	22	END	
16	ANI	M0			

想一想

1. 假设本任务中的霓虹灯 HL1～HL8 以正序每隔 1 s 轮流点亮，当第八盏灯 Y007 点亮后，要求停 2 s，然后才以反序间隔 1 s 轮流点亮，当第一盏灯 Y000 再点亮后，停 2 s，重复上述过程。当 X001 为 ON 时，停止工作。试设计其控制程序。

2. 若将本任务的霓虹灯改为 16 盏，其控制程序又该如何设计。

四、程序输入及仿真运行

1. 程序输入

启动 MELSOFT 系列 GX Developer 编程软件，首先创建新文件名，并命名为"八盏霓虹灯追灯控制"，选择 PLC 的类型为"FX2N"，应用前面任务所学的梯形图输入法，输入图 4—1—19 所示的梯形图。

2. 仿真运行

应用前面任务所述的位元件逻辑测试方式进行仿真运行比较直观，仿真过程在此不再赘述。

五、线路安装与调试

1. 根据 I/O 接线图，按照以下安装电路的要求在如图 4—1—20 所示的模拟实物控制配线板上进行元件及线路安装。

（1）检查元器件

根据表 4—1—1 配齐元器件，检查元器件的规格是否符合要求，并用万用表检测元器件是否完好。

（2）固定元器件

固定好本任务所需元器件。

（3）配线安装

根据配线原则和工艺要求，进行配线安装。

图 4—1—20　八盏霓虹灯控制系统模拟实物安装图

（4）自检

对照接线图检查接线是否无误，再使用万用表检测电路的阻值是否与设计相符。

2. 程序下载

（1）PLC 与计算机连接

使用专用通信电缆 RS－232/RS422 转换器将 PLC 的编程接口与计算机的 COM1 串口连接。

（2）程序写入

先接通系统电源，将 PLC 的 RUN/STOP 开关拨到"STOP"的位置，然后通过 MELSOFT 系列 GX Developer 软件中的"PLC"菜单的"在线"栏的"PLC 写入"，就可以把仿真成功的程序写入 PLC 中。

3. 通电调试

（1）经自检无误后，在指导教师的指导下，方可通电调试。

（2）先接通系统电源，将 PLC 的 RUN/STOP 开关拨到"RUN"的位置，然后通过计算机上的 MELSOFT 系列 GX Developer 软件中的"监控/测试"监视程序的运行情况，再按照表 4—1—6 进行操作，观察系统运行情况并做好记录。如出现故障，应立即切断电源，分析原因，检查电路或梯形图，排除故障后，方可重新进行调试，直到系统功能调试成功为止。

表 4—1—6　　　　　　　　　程序调试步骤及运行情况记录表

操作步骤	操作内容	观察内容	观察结果	思考内容
第一步	按下 SB1	霓虹灯 HL1 ~ HL8		理解 PLC 的工作过程
第二步	按下 SB2			

 操作提示

在进行彩灯控制系统的梯形图程序设计、上机编程、模拟仿真及线路安装与调试的过程中，时常会遇到如下问题：

问题： 在采用循环移位指令进行本任务编程时，误将指令写成"ROLP K2Y000 K1"或"RORP K2Y000 K1"。

后果及原因： 若误将指令写成"ROLP K2Y000 K1"或"RORP K2Y000 K1"，将造成位组合元件无效。这是因为在目标元件中指定位数，只能用 K4（16 位指令）和 K8（32 位指令），例如：K4Y10，K8M0 等。

预防措施： 要切记采用循环移位指令进行编程时，若〔D〕使用位组合元件，则只有 K4（16 位指令）和 K8（32 位指令）有效。

 任务测评

对任务实施的完成情况进行检查，并将结果填入表 4—1—7 的评分表内。

表 4—1—7　　　　　　　　　　　　　　　　　　评分标准

序号	主要内容	考核要求	评分标准	配分	扣分	得分
1	电路设计	根据任务，设计电路电气原理图，列出 PLC 控制 I/O 口（输入/输出）元件地址分配表，根据加工工艺，设计梯形图及 PLC 控制 I/O 口（输入/输出）接线图	1. 电气控制原理设计功能不全，每缺一项功能扣 5 分 2. 电气控制原理设计错，扣 20 分 3. 输入、输出地址遗漏或错误，每处扣 5 分 4. 梯形图表达不正确或画法不规范每处扣 1 分 5. 接线图表达不正确或画法不规范每处扣 2 分	70		
2	程序输入及仿真调试	熟练正确地将所编程序输入 PLC；按照被控设备的动作要求进行模拟调试，达到设计要求	1. 不会熟练操作 PLC 键盘输入指令扣 2 分 2. 不会使用删除、插入、修改、存盘等命令每项扣 2 分 3. 仿真试车不成功扣 50 分			

续表

序号	主要内容	考核要求	评分标准	配分	扣分	得分
3	安装与接线	按 PLC 控制 I/O 口（输入/输出）接线图在模拟配线板上正确安装，元件在配线板上布置要合理，安装要准确紧固，配线导线要紧固、美观，导线要进走线槽，导线要有端子标号	1. 试机运行不正常扣20分 2. 损坏元件扣5分 3. 试机运行正常，但不按电气原理图接线，扣5分 4. 布线不符合要求，不美观，主电路、控制电路每根扣1分 5. 接点松动、露铜过长、反圈、压绝缘层，标记线号不清楚、遗漏或误标，引出端无别径压端子，每处扣1分 6. 损伤导线绝缘或线芯，每根扣1分 7. 不按 PLC 控制 I/O 口（输入/输出）接线图接线，每处扣5分	20		
4	安全文明生产	劳动保护用品穿戴整齐；电工工具佩戴齐全；遵守操作规程；尊重考评员，讲文明礼貌；考试结束要清理现场	1. 考试中，违反安全文明生产考核要求的任何一项扣2分，扣完为止 2. 当考评员发现考生有重大事故隐患时，要立即予以制止，并每次扣安全文明生产总分5分	10		
		合　计				
开始时间：			结束时间：			

知识拓展

一、理论知识拓展

1. 位左移、位右移指令（SFTL、SFTR）

（1）位左移、位右移指令的助记符及功能

位左移、位右移指令的助记符及功能见表4—1—8。

表4—1—8　　　　　　位左移、位右移指令的助记符及功能

助记符	功能	操作数				程序步数
		(S.)	(D.)	n1	n2	
SFTR（FNC34）	将源元件状态存入堆栈中，堆栈右移	X, Y, M, S	Y, M, S	K, H $n2 \leqslant n1 \leqslant 1024$		SFTR（P）：9步
SFTL（FNC35）	将源元件状态存入堆栈中，堆栈左移	X, Y, M, S	Y, M, S	K, H $n2 \leqslant n1 \leqslant 1024$		SFTR（P）：9步

（2）指令的使用格式

位左移、位右移指令的使用格式分别如图4—1—21和图4—1—22所示。

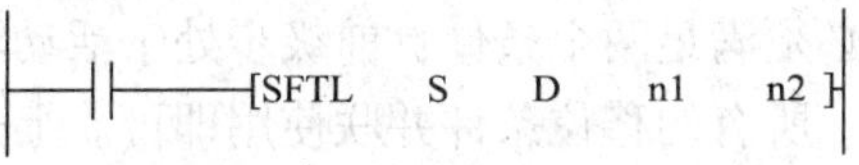

```
 ┤ ├────────[SFTL    S    D    n1    n2]         ┤ ├────────[SFTR    S    D    n1    n2]
```

图4—1—21 SFTL指令使用格式 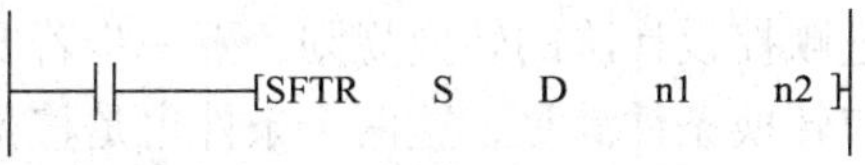   图4—1—22 SFTR指令使用格式

（3）编程实例

图4—1—23所示为位右移的梯形图，当X010 = ON时，由M10开始的K16位数据（即M25～M10）向右移动K4位，移出的低K4位（M13～M10）溢出，空出的高K4位（M25～M22）分别由X000开始的K4位数据（X003～X000）补充进去。若M25～M10的状态为1100 1010 1100 0011，X003～X000的状态为0100，则M25～M10执行移位后的状态为0100 1100 1010 1100。

```
     X010
 ────┤ ├────────[SFRP    X000    M10    K16    K4]
```

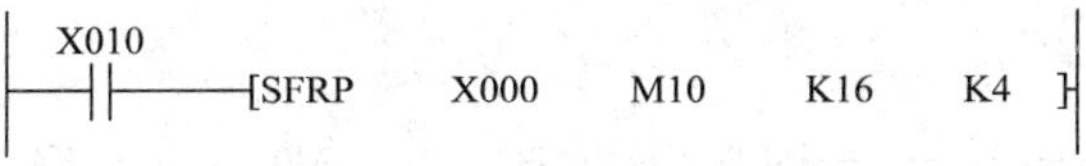

图4—1—23 SFTR指令编程实例

图4—1—24所示梯形图与图4—1—23所示梯形图的功能类似，只是移动方向为向左移动，不再赘述。

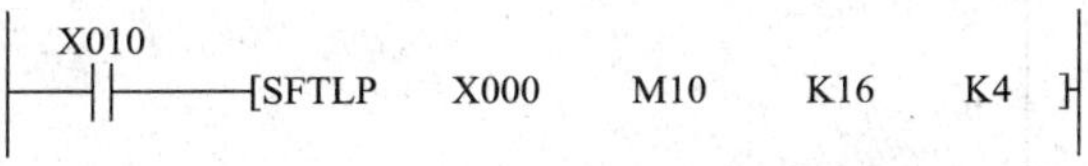

```
     X010
 ────┤ ├────────[SFTLP    X000    M10    K16    K4]
```

图4—1—24 SFTR指令编程实例

2. 位左移、位右移指令的使用说明

（1）SFTL、SFTR指令使位元件中的状态向左、向右移位。

（2）源操作数〔S〕为数据位的起始位置，目标操作数〔D〕为移位数据位的起始位置，$n1$指定位元件长度，$n2$指定移位位数（$n2 < n1 < 1024$）。

（3）源操作数〔S〕的形式可以为X，Y，M，S，目标操作数〔D〕的形式可以为Y，M，S，$n1$、$n2$的形式可以为K，H。

（4）SFTL、SFTR指令通常使用脉冲执行型，即使用时在指令后加"P"；SFTL、SFTR在执行条件的上升沿时执行；用连续指令时，当执行条件满足，则每个扫描周期执行一次。

3. 利用SFTR、SFTL指令实现步进顺序控制

通过前面任务的学习，可以知道步进顺序控制时一般都是每次移动一个状态，在实际工作中，对于步进顺序控制除了常用步进顺控设计法外，也可以利用SFTR、SFTL指令，实现步进顺序控制中不同状态的切换。下面以图4—1—25所示的SFC来解释这种方法。

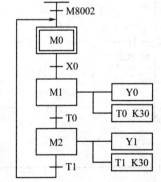

图4—1—25 移位指令在步进顺控设计法中的应用

首先必须设置一个初始状态，可以用 SET 指令实现，图 4—1—26 所示是通过 M8002 进行设置，另外在最后一个状态结束时也要对初始状态进行设置，图中是用 Y001 的下降沿。按照步进顺控设计法的转换规则，下一步若要激活，必须满足两个条件：前级步处于活动状态、相应转换条件满足，这两个条件也是移位的条件。所有的移位条件并联使用即可。上述是转换的处理，输出的处理与一般步进顺控设计法一样，本例最后的梯形图如图 4—1—26 所示。

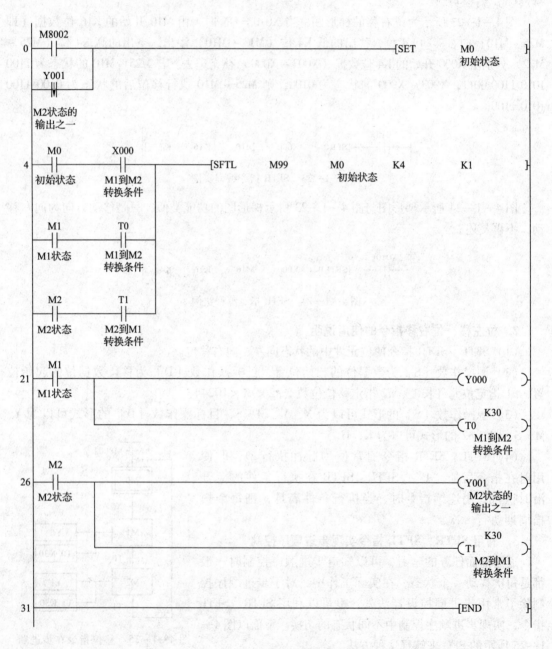

图 4—1—26　移位指令在步进顺控设计法中的应用

二、技能知识拓展

试用 SFTL 移位指令实现课题三任务 4 的十字路口交通灯的 PLC 系统控制。

控制要求：当 PLC 运行后，东西、南北方向的交通信号灯按照如图 4—1—27 所示的时序运行。东西方向绿灯亮 8 s，闪动 4 s 后熄灭，接着黄灯亮 4 s 后熄灭，红灯亮 16 s 后熄灭；与此同时，南北方向红灯亮 16 s 后熄灭，绿灯亮 8 s，闪动 4 s 后熄灭，接着黄灯亮 4 s 后熄灭……如此循环下去。

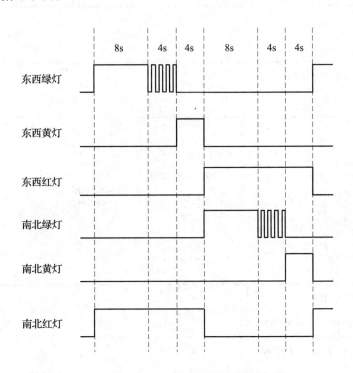

图 4—1—27 十字路口交通信号灯时序图

1. 根据控制要求，列出 I/O 通道分配表

十字路口交通灯的 I/O 通道分配表详见上册课题三任务 4 的表 3—4—2。

2. 画出 PLC 接线图（I/O 接线图）

十字路口交通灯的 PLC 接线图，详见上册课题三任务 4 中的图 3—4—6。

3. 程序设计

把交通信号灯的运行分为四个阶段：东西绿灯闪亮、东西黄灯亮、南北绿灯闪亮和南北黄灯亮，分别用 M0～M3 代表这些阶段。然后用移位指令实现各阶段的切换，具体的梯形图如图 4—1—28 所示。

4. 程序输入及仿真运行

将如图 4—1—28 所示的梯形图通过 MELSOFT 系列 GX Developer 软件输入程序，并仿真运行。

5. 线路安装与调试

按照如图 4—1—29 所示的模拟实物控制板，进行安装调试。

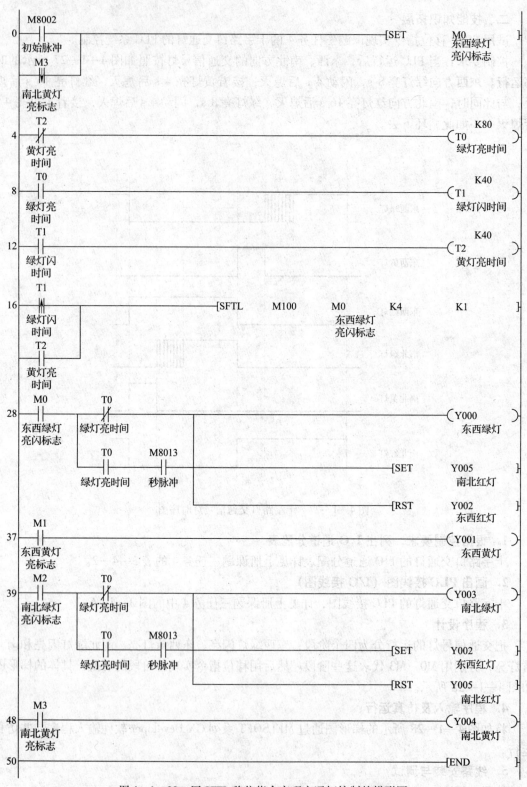

图 4—1—28 用 SFTL 移位指令实现交通灯控制的梯形图

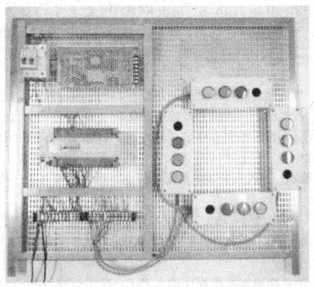

图 4—1—29 十字路口交通信号灯模拟实物控制

 巩固与提高

一、填空题（请将正确的答案填在横线空白处）

1. M8000 是_____，在 PLC 运行时它都处于_____状态，而 M8002 是_____，仅在 PLC 运行开始瞬间接通一个_____。

2. MOV 指令_____（能或不能）向 T、C 的当前寄存器传送数据。

3. 指令 ROR、ROL 通常使用脉冲执行型操作，即在指令后加字母"P"；若连续执行，则循环移位操作每个周期都执行_____次。

4. 凡是有前缀显示符号（D）的功能指令，就能处理_____位数据。

二、分析题

1. 指出图 4—1—30 所示功能指令中源、目操作数，并说明 32 位操作数的存放原则。

```
   X001
───┤├───────────[DMOV    D10      D20  ]─┤
```

图 4—1—30 MOV 指令的 32 位操作数方式

2. 指出图 4—1—31 所示功能指令中的字元件和位组件组合。指令执行后 D30 的高 4 位为多少？

```
   X001
───┤├───────────[DMOV    K3M0     D30  ]─┤
```

图 4—1—31 MOV 指令的 32 位操作数方式

三、技能题

1. 题目：用循环移位指令进行流水灯 PLC 控制系统的设计，并进行安装与调试。

某灯光招牌有 HL1 ~ HL16 共 16 盏灯接于 K4Y000，要求当 X000 为 ON 时，流水灯先以正序每隔 1 s 轮流点亮，当 Y017 点亮后，停 3 s，然后以反序每隔 1 s 轮流点亮，当 Y000 再次点亮后，停 3 s，重复上述循环过程。当 X001 为 ON 时，流水灯即刻停止工作。

2. 考核要求

（1）按照控制要求用循环移位指令进行 PLC 控制程序的设计，并且进行安装与调试。

（2）电路设计：根据任务，列出 PLC 控制 I/O 口（输入/输出）元件地址分配表，根据控制要求，设计梯形图及 PLC 控制 I/O 口（输入/输出）接线图，并能仿真运行。

（3）安装与接线

1）将熔断器、流水灯、PLC 装在一块配线板上，而将转换开关、按钮等装在另一块配线板上。

2）按 PLC 控制 I/O 口（输入/输出）接线图在模拟配线板上正确安装，元件在配线板上布置要合理，安装要准确、紧固，配线导线要紧固、美观，导线要进走线槽，导线要有端子标号。

（4）PLC 键盘操作

熟练操作键盘，能正确地将所编程序输入 PLC；按照被控设备的动作要求进行模拟调试，达到设计要求。

（5）通电试验

正确使用电工工具及万用表，进行仔细检查，通电试验时注意人身和设备安全。

（6）考核时间分配

1）设计梯形图及 PLC 控制 I/O 口接线图及上机编程时间为 90 min。

2）安装接线时间为 60 min。

3）试机时间为 5 min。

3. 评分标准（参见表 4—1—7）

任务2 密码锁控制系统

学习目标

知识目标：

掌握数据比较指令 CMP 和加 1 指令 INC 及区间复位指令 ZRST 等功能指令的功能及使用原则。

能力目标：

1. 能根据控制要求，灵活地应用数据比较、区间复位等功能指令，完成密码锁控制系统的程序设计，并通过仿真软件采用软元件测试的方法进行仿真。

2. 掌握密码锁的 PLC 控制系统的线路安装与调试方法。

近年来，随着人们生活水平的不断提高，防盗问题也变得尤为突出。传统的机械锁由于其结构简单，安全性能低，已越来越无法满足人们的需求；电子锁由于其保密性高，使用灵活性好，安全系数高，受到了广大消费者的青睐。如果能设计出一种性能灵敏可靠的密码锁作为住宅和办公室用锁，那么保护自己的物品将会变得简单。图4—2—1所示就是一款常用的门禁密码锁。

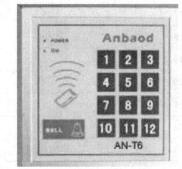

本次任务的主要内容就是设计一个简易6位密码锁控制程序。其具体控制要求如下：

1. 6位密码预设为"615290"（可设定10个按钮分别为0~9）。

图4—2—1 简易门禁密码锁示意图

2. 住户按正确顺序输入6位密码，按确认键后，门开。

3. 住户未按正确顺序输入6位密码或输入错误密码，按确认键后，门不开同时报警。

4. 按复位键可以重新输入密码。

 任务准备

实施本任务所需的实训设备及工具材料可参考表4—2—1。

表4—2—1 实训设备及工具材料

序号	分类	名称	型号规格	数量	单位	备注
1	工具	电工常用工具		1	套	
2	仪表	万用表	MF47 型	1	块	
3	设备器材	编程计算机		1	台	
4		接口单元		1	套	
5		通信电缆		1	条	
6		可编程序控制器	FX2N – 48MR	1	台	
7		安装配电盘	600 mm × 900 mm	1	块	
8		导轨	C45	0.3	m	
9		空气断路器	Multi9 C65N D20	1	只	
10		熔断器	RT28 – 32	6	只	
11		按钮	LA19	12	只	
12		指示灯	220 V	1	只	
13		接触器	CJ12 – 10	1	只	
14		端子	D – 20	20	只	

续表

序号	分类	名称	型号规格	数量	单位	备注
15		铜塑线	BV1/1.37 mm²	10	m	主电路
16		铜塑线	BV1/1.13 mm²	15	m	控制电路
17		软线	BVR7/0.75 mm²	10	m	
18	消耗材料	紧固件	M4×20 螺杆	若干	只	
19			M4×12 螺杆	若干	只	
20			φ4 mm 平垫圈	若干	只	
21			φ4 mm 弹簧垫圈及 M4 螺母	若干	只	
22		号码管		若干	m	
23		号码笔		1	支	

 **任务分析**

通过对上述控制要求的分析可知，本次任务的密码确认将用到数据比较指令和二进制加 1 指令，而密码锁的复位将用到区间复位指令。因此，在进行本次任务的编程设计前，必须先学会数据比较指令 CMP 和加 1 指令 INC 及区间复位指令 ZRST 等功能指令的功能及使用原则，然后才能实现对 6 位密码锁控制程序的设计。

 **相关知识**

一、数据比较指令

1. 数据比较指令的助记符及功能

数据比较指令的助记符及功能见表 4—2—2。

表 4—2—2　　　　　　　　　　数据比较指令的助记符及功能

助记符	功能	操作数			程序步数
		源（S1）	源（S2）	目标（D）	
CMP (FNC10)	比较两个数的大小	K、H、KnX、KnY、KnM、KnS、T、C、D、V、Z		Y，M，S 三个连续目标位元件	CMP（P），7 步 DCMP（P），13 步

2. 数据比较指令的使用格式

数据比较指令的使用格式如图 4—2—2 所示。

使用说明如下：

（1）指令 CMP 比较两个源操作数〔S1〕和〔S2〕，并把比较结果送到目标操作数〔D〕～〔D+2〕中。

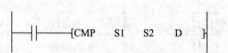

图 4—2—2　CMP 指令使用格式

（2）两个源操作数〔S1〕和〔S2〕的形式可以为 K、H、KnX、KnY、KnM、KnS、T、C、D、V、Z，而目标操作数的形式可以为 Y，M，S。

（3）两个源操作数〔S1〕和〔S2〕都被看成二进制数，其最高位为符号位。如果该位为"0"，则该数为正；如果该位为"1"，则该数为负。

（4）目标操作数〔D〕由 3 个位软元件组成，指令中标明的是第一个软元件，另外两个位元件紧随其后。

（5）当执行条件满足时，比较指令执行，每扫描一次该梯形图，就对两个源操作数〔S1〕和〔S2〕进行比较，结果如下：当〔S1〕>〔S2〕时，〔D〕= ON；当〔S1〕=〔S2〕时，〔D+1〕= ON；当〔S1〕<〔S2〕时，〔D+2〕= ON。

（6）在指令前加"D"表示操作数为 32 位，在指令后加"P"表示指令为脉冲执行型。

3. 编程实例

（1）编程实例一

如图 4—2—3 所示梯形图是 CMP 指令的用法，当指明 M0 为目标元件时，M0、M1、M2 被占用。图 4—2—3 的意义为：X000 接通时，执行比较指令 CMP。若源 K120 大于源 D10 当前值，则 M0 为 ON，驱动 Y000；若源 K120 等于源 D10 当前值，则 M1 为 ON，驱动 Y001；若源 K120 小于源 D10 当前值，则 M2 为 ON，驱动 Y002。X000 断开时，不执行 CMP 指令，M0 开始的 3 位连续位元件（M0 ~ M2）保持其断电前的状态。

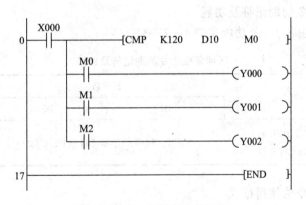

图 4—2—3 CMP 指令的用法

（2）编程实例二

图 4—2—4 所示是 CMP 指令的应用实例。有三盏指示灯 Y000、Y001 和 Y002，按下 X000 及 X002 后，当分别按 X001 为 3 次、10 次、15 次时，指示灯 Y000、Y001 和 Y002 哪个亮？

比较指令 CMP 工作时，其控制触点必须一直闭合。因此设置 X002，用 M0 自锁实现。当 X001 闭合 3 次时，K10 大于 C0 当前值，Y000 得电灯亮；当 X001 闭合 10 次时，K10 等于 C0 当前值，Y001 得电灯亮；当 X001 闭合 15 次时，K10 小于 C0 当前值，Y002 得电灯亮。

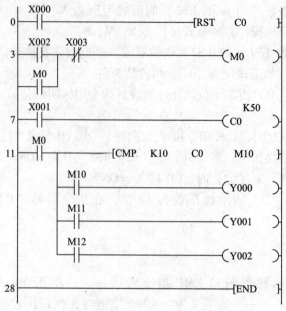

图 4—2—4　CMP 指令应用实例

二、数据处理指令

数据处理指令包括区间复位、解码编码、求平均值等指令。这里仅介绍与本次任务有关的区间复位指令。

1. 区间复位指令的助记符及功能

区间复位指令的助记符及功能见表 4—2—3。

表 4—2—3　　　　　　　　　　区间复位指令的助记符及功能

助记符	功能	操作数		程序步数
		D1	D2	
ZRST (FNC40)	将指定范围内同一类型的元件复位	Y, M, S, T, C, D（目标 D1 < D2）		ZRST (P): 5 步

2. 区间复位指令的使用格式

区间复位指令的使用格式如图 4—2—5 所示。

使用格式说明如下：

（1）ZRST 指令可将〔D1〕~〔D2〕指定的元件号范围内的同类元件成批复位。

（2）操作数〔D1〕、〔D2〕必须指定同一类型的元件。

（3）〔D1〕的元件编号必须大于〔D2〕的元件编号。

（4）此功能指令只有 16 位，但可以指定 32 位的计数器。

（5）若要复位单个元件，可以使用 RST 指令。

（6）在指令后加"P"表示指令为脉冲执行型。

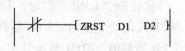

图 4—2—5　ZRST 指令使用格式

3. 编程实例

从图4—2—6所示的编程实例中可以看出，当X000闭合时，从目标1（C0）到目标2（C3）成批复位为零；当X001闭合时，从目标1（M10）到目标2（M25）成批复位为零；当X002闭合时，从目标1（S0）到目标2（S20）成批复位为零。

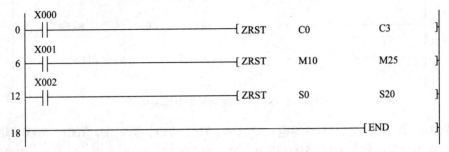

图4—2—6 ZRST指令编程实例

三、算术运算指令

算术运算指令包括二进制的加、减、乘、除等内容。在此仅介绍二进制加1指令，其他算术运算指令将在任务4中进行介绍。

1. 二进制加1指令

二进制加1指令的助记符及功能见表4—2—4。

表4—2—4 二进制加1指令的助记符及功能

助记符	功能	操作数 (D)	程序步数
INC （FNC24）	目标元件加1	KnY、KnM、KnS、T、C、D、V、Z（V、Z不能作32位操作）	INC（P）：3步 DINC（P）：5步

2. 使用格式

二进制加1指令的使用格式如图4—2—7所示。

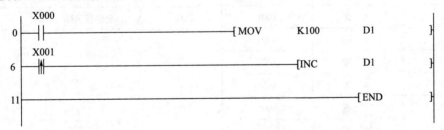

图4—2—7 二进制加1指令使用格式

使用格式说明如下：

（1）INC指令的意义为目标元件当前值D1+1→D1。在16位运算中，+32 767加1则成为−32 767；在32位运算中，+2 147 483 647加1则成为−2 147 483 647。

（2）若用连续指令时，INC指令是在各扫描周期都做加1运算。因此，在图4—2—7中，X001使用上升沿检测指令。每次X001闭合，D1当前值加1。

3. 编程实例

运行如图 4—2—8 所示程序，讨论 Y000 ~ Y003 得电情况。

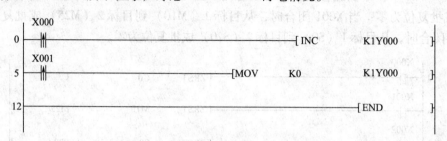

图 4—2—8 二进制加 1 指令编程实例

当按 X000 第一次闭合，Y000 得电；第二次，Y001 得电；第三次，Y001、Y000 得电；第四次，Y002 得电；第五次，Y002、Y000 得电；第六次，Y002、Y001 得电；第七次，Y002、Y001、Y000 得电；第八次，Y003 得电。如此下去，一直到第十五次，Y003、Y002、Y001、Y000 得电，第十六次，Y003、Y002、Y001、Y000 全失电。运行中间若按下 X001，则 Y000 ~ Y004 失电。

 **任务实施**

一、分配输入点和输出点，写出 I/O 通道地址分配表

通过对本任务控制要求的分析，可确定 PLC 需要 12 个输入点，2 个输出点，其分配表见表 4—2—5。

表 4—2—5　　　　　　　　　　　　　I/O 通道地址分配表

输入			输出		
元件代号	作用	输入继电器	元件代号	作用	输出继电器
SB1	"0" 键	X000	KM	开门控制	Y000
SB2	"1" 键	X001	HL	报警指示灯	Y001
SB3	"2" 键	X002			
SB4	"3" 键	X003			
SB5	"4" 键	X004			
SB6	"5" 键	X005			
SB7	"6" 键	X006			
SB8	"7" 键	X007			
SB9	"8" 键	X010			
SB10	"9" 键	X011			
SB11	确认键	X012			
SB12	复位键	X013			

二、画出 PLC 接线图（I/O 接线图）

PLC 接线图（I/O 接线图）如图 4—2—9 所示。

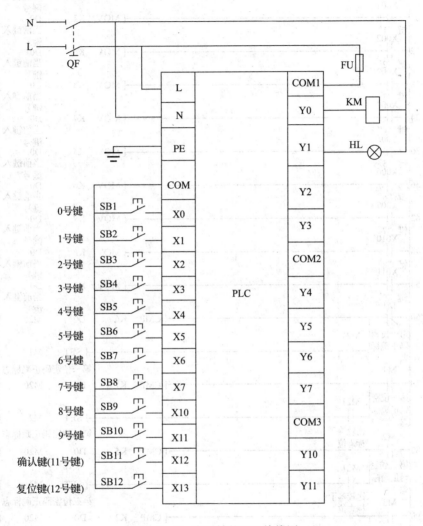

图 4—2—9　密码锁的 I/O 接线图

三、程序设计

1. 密码锁开启程序的设计

根据控制要求，如要解锁，则从 X000～X011（0～9）送入的数据和程序设定的密码相等，可以使用数据比较指令和二进制加 1 指令实现判断，密码锁的开启由 Y000 的输出控制，梯形图如图 4—2—10 所示。

2. 密码锁报警程序的设计

当输入密码与事先设定的 6 位密码"615290"不相符时，按下 11 号确认键（X012）后，Y000 不通电，此时应接通报警输出继电器 Y001，使报警灯 HL 发光报警，根据控制要求可设计出报警控制程序如图 4—2—11 所示。

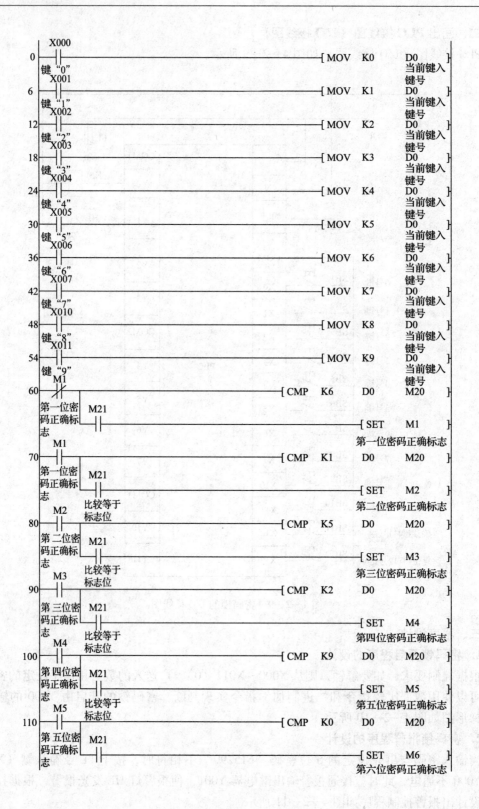

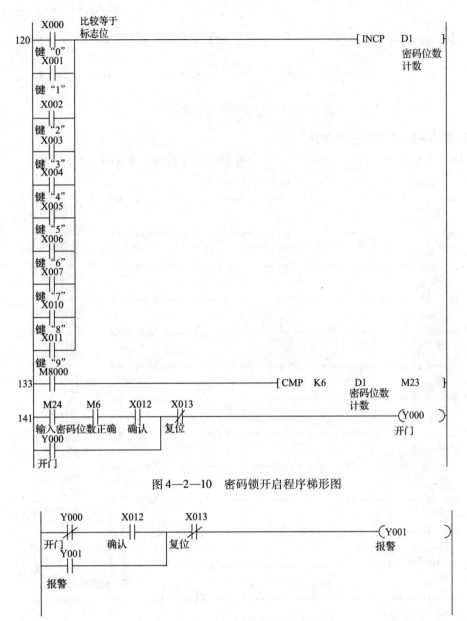

图4—2—10　密码锁开启程序梯形图

图4—2—11　密码锁报警控制程序

3. 密码锁复位控制程序的设计

从图4—2—11所示的密码锁报警控制程序中可以看出，当出现报警时，只要按下12号复位键（X013），报警输出继电器Y001线圈就会失电，报警灯熄灭，达到报警复位功能。但从图4—2—10所示密码锁的开启程序中可以看到，当输入密码与事先设定的6位密码"615290"相符时，按下11号确认键（X012）后，Y000通电，门打开，即使此时按下复位键（X013），虽然Y000断电，但M24和M6的常开触点并没有复位，关门后只要再次按下确认键（X012），Y000会继续得电，密码锁会自动解锁，门打开，所以应通过区间复位指令ZRST进行区间复位。由此，可设计出密码锁复位程序，如图4—2—12所示。

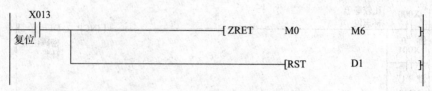

图4—2—12 密码锁复位控制程序

4. 完整的密码锁控制程序设计

将上述三个程序进行综合，可得出本任务控制的完整程序，如图4—2—13所示。

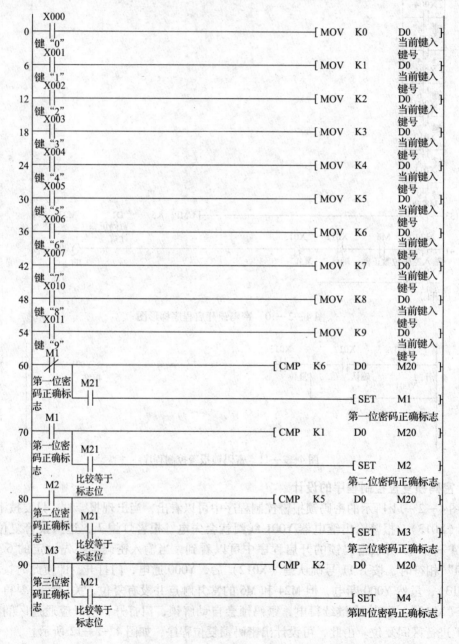

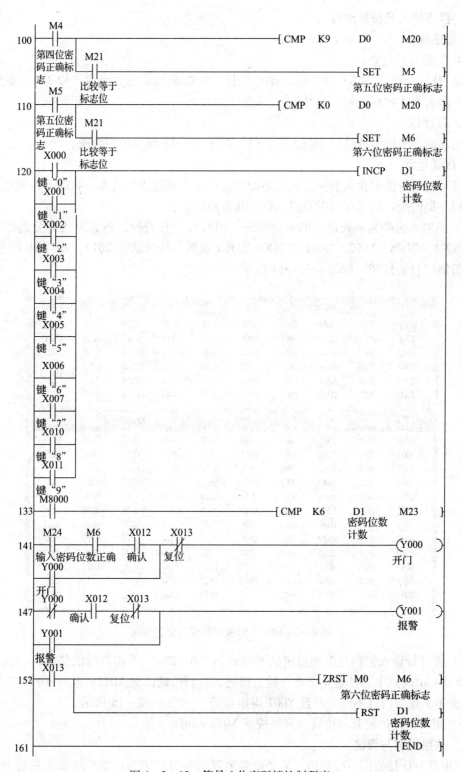

图4—2—13 简易6位密码锁控制程序

四、程序输入及仿真运行

1. 程序输入

（1）工程名的建立

启动 MELSOFT 系列 GX Developer 编程软件，先选择 PLC 的类型为"FX2N"，创建新文件名，并命名为"密码锁控制系统"。

（2）程序输入

运用前面任务所学的梯形图输入法，输入图 4—2—13 所示的梯形图。

2. 仿真运行

仿真运行的方法可参照前面任务所述的方法，读者自行进行仿真，在此不再赘述。

值得一提的是，仿真运行时重点从以下几方面进行：

（1）当输入密码与事先设定的 6 位密码"615290"相符时，仿真方法是分别按顺序将 X006、X001、X005、X002、X011 和 X000 接通 1 次然后按确认键 X012，此时 Y000 会导通，密码锁解锁门自动打开，如图 4—2—14 所示。

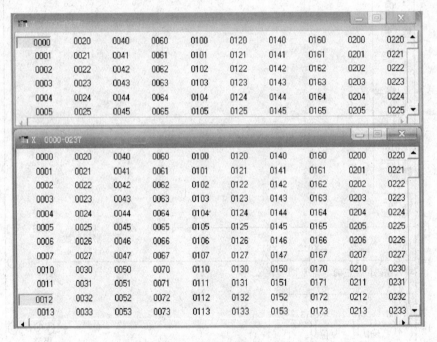

图 4—2—14　密码锁解锁成功仿真画面

（2）要进行输入密码与事先设定的 6 位密码"615290"不相符时的仿真，仿真方法是将（X000～X011）中的任意 6 个常开触点接通，然后按确认键 X012，此时 Y000 不会得电，密码锁解不了锁，门打不开，并且 Y001 得电报警，如图 4—2—15 所示。

（3）密码锁复位控制的仿真，只要按下 X013 即可。

五、线路安装与调试

1. 根据 I/O 接线图，按照以下安装电路的要求在模拟实物控制配线板上进行元件及线路安装。

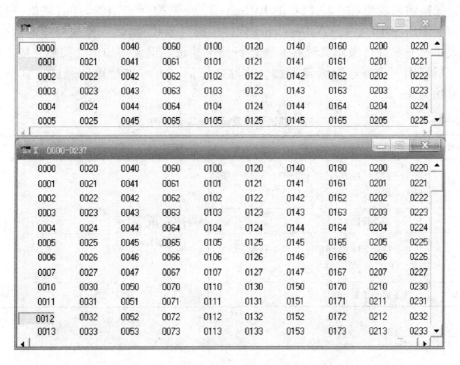

图 4—2—15 密码输入错误报警成功仿真画面

（1）检查元器件

根据表 4—2—1 配齐元器件，检查元器件的规格是否符合要求，并用万用表检测元器件是否完好。

（2）固定元器件

固定好本任务所需元器件。

（3）配线安装

根据配线原则和工艺要求，进行配线安装。

（4）自检

对照接线图检查接线是否无误，再使用万用表检测电路的阻值是否与设计相符。

2. 程序下载

（1）PLC 与计算机连接

使用专用通信电缆 RS－232/RS422 转换器将 PLC 的编程接口与计算机的 COM1 串口连接。

（2）程序写入

先接通系统电源，将 PLC 的 RUN/STOP 开关拨到"STOP"的位置，然后通过 MEL-SOFT 系列 GX Developer 软件中的"PLC"菜单的"在线"栏的"PLC 写入"，就可以把仿真成功的程序写入 PLC 中。

3. 通电调试

（1）经自检无误后，在指导教师的指导下，方可通电调试。

（2）先接通系统电源，将 PLC 的 RUN/STOP 开关拨到"RUN"的位置，然后通过计算机上的 MELSOFT 系列 GX Developer 软件中的"监控/测试"监视程序的运行情况，再按照表 4—2—6 进行操作，观察系统运行情况并做好记录。如出现故障，应立即切断电源，分析原因、检查电路或梯形图，排除故障后，方可进行重新调试，直到系统功能调试成功为止。

表 4—2—6　　　　　　　　　程序调试步骤及运行情况记录表

操作步骤	操作内容	观察内容	观察结果	思考内容
第一步	分别按顺序按下按钮 SB7、SB2、SB6、SB3、SB10、SB1 后，再按下 SB11			
第二步	按下启动按钮 SB12	指示灯 HL 和接触器 KM		理解 PLC 的工作过程
第三步	按下按钮 SB1 到 SB10 中的任一按钮后，再按下 SB11			
第四步	按下启动按钮 SB12			

操作提示

在进行密码锁控制系统的梯形图程序设计、上机编程、模拟仿真及线路安装与调试的过程中，时常会遇到如下问题：

问题： 在设计密码锁复位控制程序时，只采用区间复位指令 ZRST 对 M1～M6 进行区间复位，未对数据寄存器 D1 进行清零复位。

后果及原因： 在设计密码锁复位控制程序时，只采用区间复位指令 ZRST 对 M1～M6 进行区间复位，而未对数据寄存器 D1 进行清零复位，如图 4—2—16 所示。将会导致数据寄存器 D1 计数错误，无法通过密码锁开门。这是因为数据寄存器 D1 用于对密码锁输入位数进行计数，每次开门只能输入 6 位密码，超过 6 位密码将出现计数错误。例如：第一次输入 6 位正确的密码后，门会自动开启。如不对数据寄存器 D1 清零，即使第二次输入的是 6 位正确的密码，数据寄存器 D1 将计数为 12，显示密码位数计数错误，无法使密码输入位数正确控制的 M24 的常开触点闭合，即使 M6 闭合，也无法使 Y000 得电，导致不能开门。

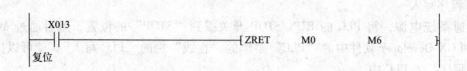

图 4—2—16　错误的密码锁复位程序

预防措施： 在设计密码锁复位控制程序时，除了采用区间复位指令 ZRST 对 M1～M6 进行区间复位，还应采用 RST 指令对数据寄存器 D1 进行清零复位，其控制程序如图 4—2—12 所示。

任务测评

对任务实施的完成情况进行检查，并将结果填入任务测评表（参见表 4—1—7）。

知识拓展

一、理论知识拓展

CMP 指令用于将两个数据进行比较，把结果存放在指定的目标中。有时需要将一个数与一个区间进行比较，来判断该数据是否位于该区间中，如果使用 CMP 指令来处理，就可能要用到两次 CMP 指令。在 FX2N 系列 PLC 里，专门安排了一条指令 ZCP 来完成该工作，该指令的使用格式为 ZCP〔S1〕〔S2〕〔S〕〔D〕，具体内容请参考课题四任务 3 简易定时报时器中的介绍。

另外，使用 CMP 指令比较后的结果经常作为中间的运算结果参与程序的运算，这就需要和其他基本指令，如 LD 类指令、AND 类指令和 OR 类指令配合使用，为了提高编程效率，在 FX2N 系列 PLC 里提供了专门的触点比较指令来完成该任务，详见课题四任务 3 简易定时报时器中的介绍。

比较指令常用于建立控制点。控制现场常有将某个物理量的量值或变化区间作为控制点的情况。如温度低于多少度就打开电热器，速度高于或低于一个区间就报警等。作为一个控制"阀门"，比较指令常出现在工业控制程序中。

二、技能知识拓展

用比较指令 CMP 和区间复位指令 ZRST 设计程序实现以下功能：

当 X001 接通时，计数器每隔 1 s 计数。当计数数值小于 50 时，Y010 为 ON；当计数数值等于 50 时，Y011 为 ON；当计数数值大于 50 时，Y010 为 ON。当 X001 为 OFF 时，计数器和 Y010、Y011 和 Y012 均复位。

1.设计分析

计数器每隔 1 s 计数可用 1 s 连续脉冲指令 M8013 进行编程，Y010、Y011 和 Y012 的复位可用区间复位指令 ZRST 控制，Y010、Y011 和 Y012 动作则由比较指令 CMP 控制，计数器的清零用 RST 指令。

2.梯形图

设计的梯形图如图 4—2—17 所示。

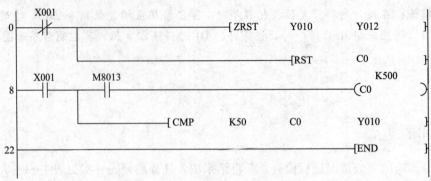

图 4—2—17　梯形图

 巩固与提高

一、填空题（请将正确的答案填在横线空白处）

1. CMP 指令用于将＿＿＿＿＿＿数据进行比较，把结果存放在指定的目标中。

2. ZRST 指令属于＿＿＿＿＿＿指令，是将指定范围内＿＿＿＿＿类型的元件复位。

3. INC 指令的意义为目标元件当前值 D1 + 1→D1。在 16 位运算中，+ 32 767 加 1 则成＿＿＿＿＿＿；在 32 位运算中，+ 2 147 483 647 加 1 则成为＿＿＿＿＿＿。

二、分析题

将如图 4—2—18 所示的梯形图转换成指令表，并分析其功能。

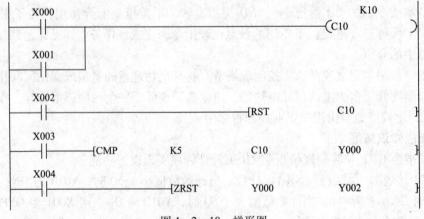

图 4—2—18　梯形图

三、技能题

用 PLC 的比较指令 CMP 实现密码锁的控制。

1. 设计任务

密码锁有 3 个置数开关（12 个按钮），分别代表 3 个十进制数，如所拨数据与密码锁设定值相等，则 3 s 后开锁，20 s 后重新上锁。假定密码为 K316。

2. 设计要求

（1）写出输入输出元件与 PLC 地址对照表。

（2）画出 PLC 接线图。

（3）设计出完整的梯形图。

（4）写出指令表。

（5）将程序输入 PLC。

（6）模拟调试。

3. 考核内容

（1）PLC 接线图设计

1）PLC 输入输出接线图正确。

2）PLC 电源接线图、负载电源接线图完整。

（2）程序设计

1）输入输出元件与 PLC 地址对照表符合被控设备实际情况及 PLC 数据范围。

2）梯形图及指令表正确。

（3）程序输入及模拟调试

1）能正确地将所编程序输入 PLC。

2）按照被控设备的动作要求进行模拟调试，达到设计要求。

工时定额：120 min。

4. 评分标准（见表 4—1—7）

任务3 简易定时报时器

学习目标

知识目标：

掌握区间比较指令和触点比较指令等功能指令的功能及使用原则。

能力目标：

1. 能根据控制要求，灵活地应用区间比较指令、触点比较指令等功能指令，完成简易定时报时器控制系统的程序设计，并通过仿真软件采用软元件测试的方法进行仿真。

2. 掌握简易定时报时器的 PLC 控制系统的线路安装与调试方法。

工作任务

随着科技的进步，越来越多的集定时、报警及自动控制于一体的多功能定时报时器相继面世，图 4—3—1 所示就是一款简易定时报时器。

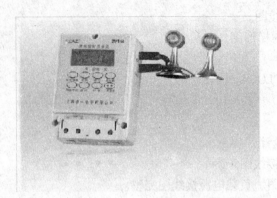

图 4—3—1 简易定时报时器

本任务的主要内容就是使用 PLC 通过计数器、区间比较指令 ZCP 和触点比较类指令，设计一个 24 小时可设定定时时间的住宅控制器（以 15 min 为一个设定单位），要求实现以下功能：

（1）早晨 6：30，闹钟每秒响一次，10 s 后自动停止。

（2）上午 9：00 至下午 17：00，启动住宅报警系统。

（3）晚上 18：00，自动打开住宅照明。

（4）晚上 22：00，自动关闭住宅照明。

 任务准备

实施本任务所需要的实训设备及工具材料可参考表 4—3—1。

表 4—3—1 实训设备及工具材料

序号	分类	名称	型号规格	数量	单位	备注
1	工具	电工常用工具		1	套	
2	仪表	万用表	MF47 型	1	块	
3		编程计算机		1	台	
4		接口单元		1	套	
5		通信电缆		1	条	
6		可编程序控制器	FX2N－48MR	1	台	
7		安装配电盘	600 mm×900 mm	1	块	
8	设备器材	导轨	C45	0.3	m	
9		空气断路器	Multi9 C65N D20	1	只	
10		熔断器	RT28－32	6	只	
11		转换开关	HZ10－10 单极	3	只	
12		接触器	CJ12－10	3	只	
13		端子	D－20	20	只	

续表

序号	分类	名称	型号规格	数量	单位	备注
14		铜塑线	BV1/1.37 mm²	10	m	主电路
15		铜塑线	BV1/1.13 mm²	15	m	控制电路
16		软线	BVR7/0.75 mm²	10	m	
17	消耗材料	紧固件	M4×20 螺杆	若干	只	
18			M4×12 螺杆	若干	只	
19			∮4 mm 平垫圈	若干	只	
20			∮4 mm 弹簧垫圈及 M4 螺母	若干	只	
21		号码管		若干	m	
22		号码笔		1	支	

任务分析

通过对上述控制要求的分析可知，本次任务的定时及报时确认将用到计数器、数据比较指令、区间比较指令和触点比较指令等功能指令。有关计数器和数据比较指令的功能及使用原则在前面任务中已作介绍，因此，在进行本次任务的编程设计前，必须首先学会区间比较指令和触点比较指令等功能指令的功能及使用原则，然后才能实现对简易定时报时器控制程序的设计。

相关知识

一、区间比较指令 ZCP

1. 区间比较指令的助记符及功能

区间比较指令的助记符及功能见表4—3—2。

表4—3—2   区间比较指令的助记符及功能

助记符	功能	操作数				程序步数
		源（S1）	源（S2）	源（S）	目标（D）	
ZCP (FNC11)	将一个数与两个数比较	K、H、KnX、KnY、KnM、KnS、T、C、D、V、Z			Y，M，S 三个连续元件	ZCP（P），7步 DZCP（P），17步

2. 区间比较指令的使用格式

区间比较指令的使用格式如图4—3—2所示。

使用说明如下：

（1）ZCP 指令将〔S1〕、〔S2〕的值与〔S〕的内容进行比较，然后用元件〔D〕～〔D+2〕来反映比较的

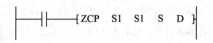

图4—3—2 ZCP 指令使用格式

结果。

（2）源操作数〔S1〕、〔S2〕与〔S〕的形式可以为 K，H，KnX，KnY，KnM，KnS，T，C，D，V，Z；目标操作数〔D〕的形式可以为 Y，M，S。

（3）源操作数〔S1〕和〔S2〕确定区间比较范围，不论〔S1〕＞〔S2〕还是〔S1〕＜〔S2〕，执行 ZCP 指令时，总是将较大的那个数看成〔S2〕。例如，〔S1〕＝K200，〔S2〕＝K100，执行 ZCP 指令时，将 K100 视为〔S1〕，K200 视为〔S2〕。尽管如此，为了程序清晰易懂，使用时还是尽量要使〔S1〕＜〔S2〕。

（4）所有源操作数都被看成二进制数，其最高位为符号位，如果该位为"0"，则该数为正；如果该位为"1"，则该数为负。

（5）目标操作数〔D〕由 3 个位软元件组成，梯形图中标明的是首地址，另外两个位软元件紧随其后。如指令中指明目标操作数〔D〕为 M0，则实际目标操作数还包括紧随其后的 M1、M2。

（6）当 ZCP 指令执行时，每扫描一次该梯形图，就将〔S〕内的数与源操作数〔S1〕和〔S2〕进行比较，结果如下：当〔S1〕＞〔S〕时，〔D〕＝ON；当〔S1〕≤〔S〕≤〔S2〕时，〔D＋1〕＝ON；当〔S〕＞〔S2〕时，〔D＋2〕＝ON。

（7）执行比较操作后，即使其执行条件被破坏，目标操作数的状态仍保持不变，除非用 RST 指令将其复位。

（8）在指令前加"D"表示其操作数为 32 位的二进制数，在指令后加"P"表示指令为脉冲执行型。

3. 编程实例

图 4—3—3 所示是 ZCP 指令编程实例。

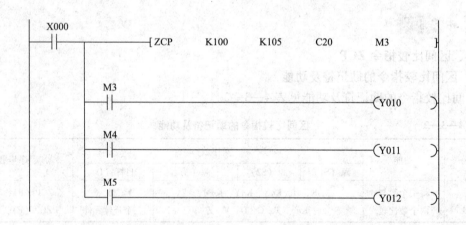

图 4—3—3　ZCP 指令编程实例

从图中可以看出，当指明目标为 M3 时，则 M3、M4、M5 自动被占用。其控制原理为：X000 闭合时，执行 ZCP 指令。当 C20 当前值小于 K100 时，M3 为 ON；当 K100≤C20 当前值≤K105，M4 为 ON；当 C20 当前值大于 K105 时，M5 为 ON。当 ZCP 的控制触点 X000 断开时，不执行 ZCP 指令，M3、M4、M5 保持其断电前状态。

提示

值得注意的是，如果拟清除比较的结果，要用复位指令。

二、触点比较指令

1. 指令助记符及功能

本类指令有多条。具体指令助记符及功能见表4—3—3。触点比较指令相当于一个触点，指令执行时比较两个操作数〔S1〕、〔S2〕，满足比较条件则触点闭合。

表4—3—3   触点比较指令一览表

分类	指令助记符	指令功能
LD 类	LD =	〔S1〕=〔S2〕时，运算开始的触点接通
	LD >	〔S1〕>〔S2〕时，运算开始的触点接通
	LD <	〔S1〕<〔S2〕时，运算开始的触点接通
	LD < >	〔S1〕≠〔S2〕时，运算开始的触点接通
	LD < =	〔S1〕≤〔S2〕时，运算开始的触点接通
	LD > =	〔S1〕≥〔S2〕时，运算开始的触点接通
AND 类	AND =	〔S1〕=〔S2〕时，串联触点接通
	AND >	〔S1〕>〔S2〕时，串联触点接通
	AND <	〔S1〕<〔S2〕时，串联触点接通
	AND < >	〔S1〕≠〔S2〕时，串联触点接通
	AND < =	〔S1〕≤〔S2〕时，串联触点接通
	AND > =	〔S1〕≥〔S2〕时，串联触点接通
OR 类	OR =	〔S1〕=〔S2〕时，并联触点接通
	OR >	〔S1〕>〔S2〕时，并联触点接通
	OR <	〔S1〕<〔S2〕时，并联触点接通
	OR < >	〔S1〕≠〔S2〕时，并联触点接通
	OR < =	〔S1〕≤〔S2〕时，并联触点接通
	OR > =	〔S1〕≥〔S2〕时，并联触点接通

从表4—3—3中可以看出，触点比较指令分为三类：LD 类（含 LD = ，LD > ，LD < ，LD < > ，LD < = ，LD > =六条指令）、AND 类（含 AND = ，AND > ，AND < ，AND < > ，AND < = ，AND > =六条指令）、OR 类（含 OR = ，OR > ，OR < ，OR < > ，OR < = ，OR > =六条指令）。

2. 指令的使用格式

触点比较指令的使用格式分别如图4—3—4、图4—3—5 和图4—3—6 所示。

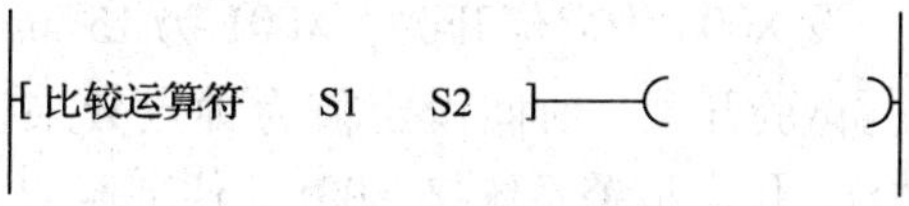

图4—3—4 LD 类触点比较指令使用格式

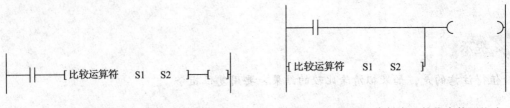

图4—3—5 AND 类触点比较指令使用格式　　　　图4—3—6 OR 类触点比较指令使用格式

3. 编程实例

在图4—3—7中，当 C10 = K20 时，Y000 被驱动；当 X010 = ON 并且 D100 > K58 时，Y010 被复位；当 X001 = ON 或者 K10 > C0 时，Y001 被驱动。

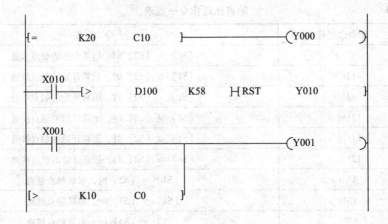

图4—3—7 触点比较指令编程实例

4. 指令使用说明

（1）触点比较指令，当〔S1〕、〔S2〕满足比较条件时，触点接通。

（2）比较运算符包括 = ，> ，< ，< > ，< = ，> = 六种形式。

（3）两个操作数〔S1〕、〔S2〕的形式可以是 K，H，KnX，KnY，KnS，T，C，D，V/Z 等字元件，以及 X，Y，M，S 等位元件。

（4）在指令前加"D"表示其操作数为 32 位的二进制，在指令后加"P"表示指令为脉冲执行型。

　任务实施

一、分配输入点和输出点，写出 I/O 通道地址分配表

设 X000 为启停开关，X001 为 15 min 快速调整与试验开关；X002 为格数设定的快速调整与试验开关。时间设定值为钟点数乘以 4。使用时在 0：00 启动定时器。设闹钟输出接 Y000，住宅报警系统接 Y001，住宅照明接 Y002。由此可确定 PLC 需要 3 个输入点、3 个输出点，其 I/O 通道地址分配表见表4—3—4。

表 4—3—4   I/O 通道地址分配表

输 入			输 出		
元件代号	作用	输入继电器	元件代号	作用	输出继电器
SA1	启停开关	X000	KM1	闹钟	Y000
SA2	15 min 快速调整与试验开关	X001	KM2	住宅报警系统	Y001
SA3	格数试验开关	X002	KM3	住宅照明系统	Y002

二、画出 PLC 接线图（I/O 接线图）

PLC 接线图（I/O 接线图）如图 4—3—8 所示。

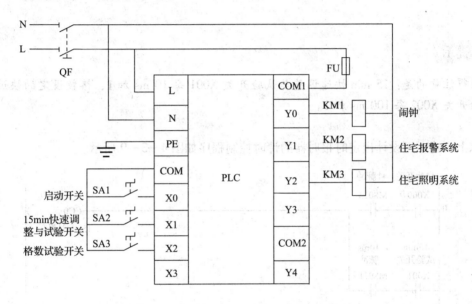

图 4—3—8   定时报时器的 I/O 接线图

三、程序设计

编程方案一：采用区间比较指令进行编程

1. 定时报时器的计时控制程序的设计

根据本次任务控制要求，设计计时控制程序将用到产生 1 s 连续脉冲的特殊继电器 M8013 进行走时控制。另外，由于控制程序是以 15 min 为一个设定单位，因此可以采用 1 s 连续脉冲的 M8013 常开触点与 15 min 计数器 C0 配合控制，将计数器 C0 的当前值设为 K900（因为 C0 当前值每过 1 s 加 1，当 C0 当前值等于 900 时，即时间为 900÷60 s = 15 min）。而将 24 小时的时间分别用 96 格计数器 C1 进行计数（因为 15 min 为 1 格，96 格×15 min = 1 440 min，1 440÷60 = 24 小时），其当前值每过 15 min 加 1。若启动定时器是从 0：00 启动开始计时，则 C1 当前值与本任务所需控制的实际时间的对应关系见表 4—3—5。

表 4—3—5　　　　　　　　　　　C1 当前值与实际时间的对应关系表

C1 当前值	对应时间	备注
K0	0：00	启动计时器
K26	6：30	闹钟启动
K36	9：00	住宅报警系统启动
K68	17：00	住宅报警系统关闭
K72	18：00	住宅照明启动
K88	22：00	住宅照明关闭
K96	24：00	重新启动计时器

 提示

　　值得注意的是：15 min 快速调整与试验开关 X001 每 10 ms 加 1，格数设定的快速调整与试验开关 X002 每 100 ms 加 1。

　　综上所述，可设计出定时报时器的计时控制程序如图 4—3—9 所示。

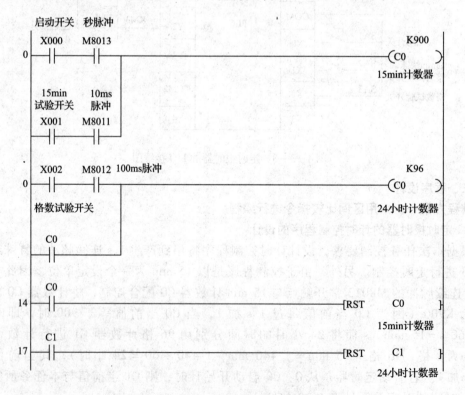

图 4—3—9　定时报时器的计时控制程序

2. 定时报时器的定时系统控制程序设计

定时报时器的定时系统控制程序的设计采用前面任务介绍过的数据比较指令 CMP 和本任务内容介绍的区间比较指令 ZCP 进行设计，其控制程序梯形图如图 4—3—10 所示。

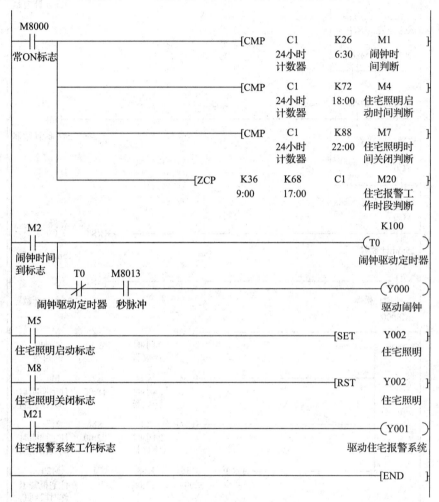

图 4—3—10 定时报时器的定时系统控制程序

3. 定时报时器完整的控制程序设计

综合上述两个程序的设计，可设计出完整的定时报时器控制程序如图 4—3—11 所示。

编程方案二：采用触点比较指令进行编程

1. 梯形图程序设计

根据任务控制要求，若采用触点比较指令进行编程，设计计时控制程序将用到产生 10 ms、100 ms 和 1 s 连续脉冲的特殊继电器 M8011、M8012 和 M8013 进行走时控制。

另外，由于控制程序是以 15 min 为一个设定单位，因此可以采用上述 1 s 连续脉冲的 M8013 常开触点与 15 min 计数器 C0 配合控制，将计数器 C0 的当前值设为 K900。而将 24 小时的时间分配用 96 格计数器 C1 进行计数，其当前值与本任务所需所控制的实际时间的对应关系见表 4—3—5。

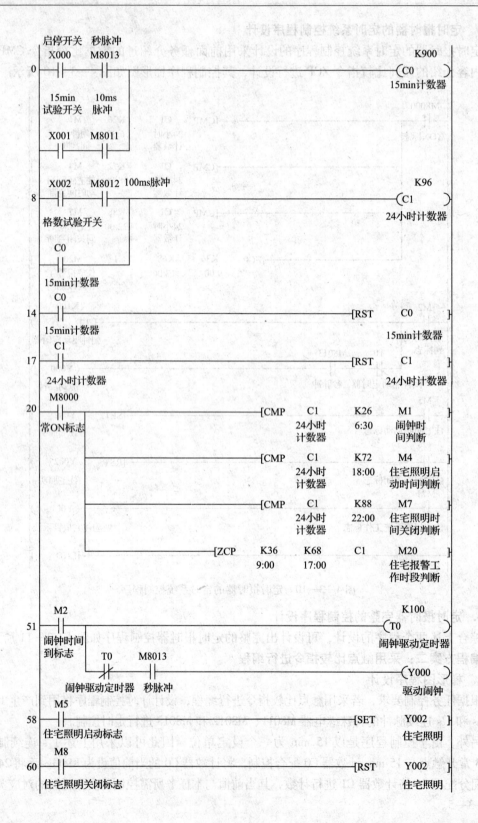

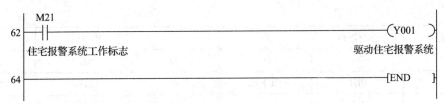

图4—3—11 采用区间比较指令实现定时报时器控制系统程序

综上所述，采用触点比较指令可设计出本任务控制程序如图4—3—12所示。

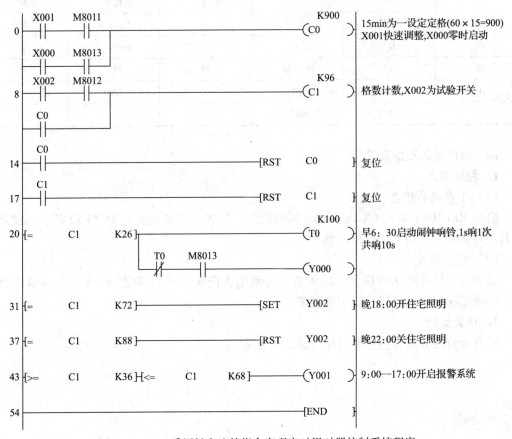

图4—3—12 采用触点比较指令实现定时报时器控制系统程序

2. 指令语句表

采用触点比较指令实现简易定时报时器控制的指令语句见表4—3—6。

表4—3—6 　　　　　　　　　　简易定时报时器控制指令表

步序	指令语句	元素	步序	指令语句	元素
0	LD	X001	4	ORB	
1	AND	M8011	5	OUT	C0 K900
2	LD	X000	6	LD	X002
3	AND	M8013	7	AND	M8012

续表

步序	指令语句	元素	步序	指令语句	元素
8	OR	C0	18	OUT	Y000
9	OUT	C1 K96	19	LD =	C1 K72
10	LD	C0	20	SET	Y002
11	RST	C0	21	LD =	C1 K88
12	LD	C1	22	RST	Y002
13	RST	C1	23	LD > =	C1 K36
14	LD =	C1 K26	24	AND < =	C1 K68
15	OUT	T0 K100	25	OUT	Y001
16	ANI	T0	26	END	
17	AND	M8013			

四、程序输入及仿真运行

1. 程序输入

（1）工程名的建立

启动 MELSOFT 系列 GX Developer 编程软件，先选择 PLC 的类型为"FX2N"，创建新文件名，并命名为"简易定时报时器"。

（2）程序输入

运用前面任务所学的梯形图输入法，分别输入图 4—3—11 和图 4—3—12 所示的梯形图，梯形图程序输入过程在此不再赘述。

2. 仿真运行

仿真运行的方法可参照前面任务所述的方法。

 提示

值得注意的是：由于本任务控制的实际定时时间较长，在仿真时读者可根据实际情况酌情将时间进行缩短设置，以方便仿真测试观察。

五、线路安装与调试

1. 根据 I/O 接线图，按照以下安装电路的要求在模拟实物控制配线板上进行元件及线路安装。

（1）检查元器件

根据表 4—3—1 配齐元器件，检查元器件的规格是否符合要求，并用万用表检测元器件是否完好。

（2）固定元器件

固定好本任务所需元器件。

（3）配线安装

根据配线原则和工艺要求，进行配线安装。

（4）自检

对照接线图检查接线是否无误，再使用万用表检测电路的阻值是否与设计相符。

2. 程序下载

（1）PLC 与计算机连接

使用专用通信电缆 RS－232/RS422 转换器将 PLC 的编程接口与计算机的 COM1 串口连接。

（2）程序写入

先接通系统电源，将 PLC 的 RUN/STOP 开关拨到"STOP"的位置，然后通过 MEL-SOFT 系列 GX Developer 软件中的"PLC"菜单的"在线"栏的"PLC 写入"，就可以把仿真成功的程序写入 PLC 中。

3. 通电调试

（1）经自检无误后，在指导教师的指导下，方可通电调试。

（2）先接通系统电源，将 PLC 的 RUN/STOP 开关拨到"RUN"的位置，然后通过计算机上的 MELSOFT 系列 GX Developer 软件中的"监控/测试"监视程序的运行情况，再按照表 4—3—7 进行操作，观察系统运行情况并做好记录。如出现故障，应立即切断电源，分析原因、检查电路或梯形图，排除故障后，方可进行重新调试，直到系统功能调试成功为止。

表 4—3—7　　　　　　　　　程序调试步骤及运行情况记录表

操作步骤	操作内容	观察内容	观察结果	思考内容
第一步	接通启停开关 SA1			
第二步	接通 SA2	接触器 KM1、KM2、KM3		理解 PLC 的工作过程
第三步	接通 SA3			
第四步	断开 SA1			

 操作提示

在进行简易定时报时器的梯形图程序设计、上机编程、模拟仿真及线路安装与调试的过程中，时常会遇到如下问题：

问题： 在采用计数器与时钟脉冲指令和数据比较及区间比较指令配合进行本次任务的长延时计时控制编程时，未能对计数器的当前值与实际对应时间进行正确换算。

后果及原因： 将导致计时的不正确，影响报时和定时控制的准确性。

预防措施： 在采用计数器与时钟脉冲指令和数据比较及区间比较指令配合进行本次任务的长延时计时控制编程时，必须根据控制要求，采用时钟脉冲指令与计数器配合，首先确定

启动定时器的启动开始时间，然后建立计数器的当前值与实际对应时间的换算关系，并进行换算，然后实现计时控制。例如，本次任务在设计计时控制程序时，就是通过 1 s 连续脉冲的特殊继电器 M8013 进行走时控制。另外，由于控制程序是以 15 min 为一个设定单位，因此采用了 1 s 连续脉冲的 M8013 常开触点与 15 min 计数器 C0 配合控制，将计数器 C0 的当前值设为 K900（因为 C0 当前值每过 1 s 加 1，当 C0 当前值等于 900 时，即时间为 900÷60 s = 15 min）。而将 24 小时的时间分配用 96 格计数器 C1 进行计数（因为 15 min 为 1 格，96 格 × 15 min = 1 440 min，1 440÷60 = 24 h），其当前值每过 15 min 加 1。若启动定时器是从 0：00 启动开始计时，则 C1 当前值与本任务所需控制的实际时间的对应关系见表 4—3—5。

任务测评

对任务实施的完成情况进行检查，并将结果填入任务测评表（参见表 4—1—7）中。

知识拓展

一、理论知识拓展

在很多场合下，需要在某个具体的时刻进行某项操作，就会用实时时钟处理指令，FX 系列 PLC 专门设置了一类这样的指令，共有 10 种，在此仅介绍几种常用的实时时钟处理指令。

1. 时钟运算比较指令 TCMP

（1）指令的使用格式

时钟运算比较指令的使用格式如图 4—3—13 所示。

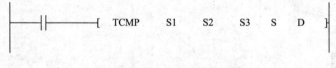

图 4—3—13　TCMP 指令使用格式

（2）指令使用说明

TCMP 指令的源操作数〔S1〕～〔S3〕用来存放指定时间的时、分、秒。目标操作数〔D〕用来存放比较结果。该指令用来比较指定时刻与时钟数据的大小，时钟数据的时间存放在〔S〕开始的连续三个元件中，比较结果存放在〔D〕开始的三个位元件中。

（3）指令使用方法

如图 4—3—14 所示的源数据〔S1〕、〔S2〕、〔S3〕的时间与〔S〕起始的 3 点时间数据相比较，结果决定〔D〕起始的 3 点的 ON/OFF 状态。

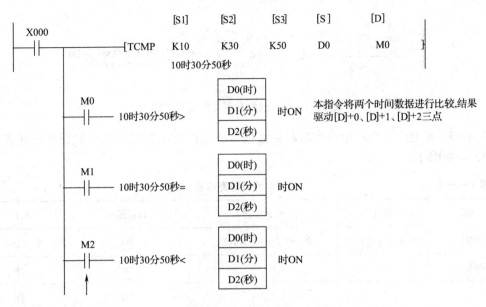

即使用X000=OFF停止执行TCMP指令时,M0~M2仍然保持X000变为OFF前的状态

图4—3—14 TCMP指令编程应用实例

图中当 D0 < 10，D1 < 30，D2 < 50 时，M0 = ON；当 D0 = 10，D1 = 30，D2 = 50 时，M1 = ON；当 D0 > 10，D1 > 30，D2 > 50 时，M2 = ON。另外可利用 PLC 内置的实时时钟数据，D8013 ~ D8015 分别存放秒、分和时的数据。

 提示

值得注意的是：

1）在图 4—3—14 中，［S1］表示指定比较时间的"时"；［S2］表示指定比较时间的"分"；［S3］表示指定比较时间的"秒"；［S］表示指定时钟的"时"；［S］+1 表示指定时钟数据的"分"；［S］+2 表示指定时钟数据的"秒"；［D］、［D］+1、［D］+2 表示比较结果，决定其 ON/OFF 状态。

2）"时"的设定范围为 0~23，"分"的设定范围为 0~59，"秒"的设定范围为 0~59。

3）使用 PLC 的实时时钟数据时，可将［S1］、［S2］、［S3］分别指定 D8015（时）、D8014（分）、D8013（秒）。

2. 时钟数据读取指令 TRD

TRD 指令用来读出内置的实时时钟数据，并存放在〔D〕开始的 7 个元件中，实时时钟的时间数据存放在 D8013 ~ D8019 中，D8018 ~ D8013 中分别存放年、月、日、时、分、秒，D8019 存放星期。

该指令的格式如图 4—3—15 所示。

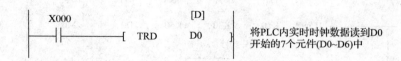

图4—3—15 时钟数据读取指令 TRD

表4—3—8 为读取 PLC 中的实时时钟数据。源元件为保存时钟数据的特殊数据寄存器（D8013 ~ D8019）。

表4—3—8　　　　　　　　　　　　实时时钟特殊寄存器

源元件	项目	时钟数据		目标元件	项目
D8018	年（公历）	0 ~ 99（公历后两位）	→	D0	年（公历）
D8017	月	1 ~ 12	→	D1	月
D8016	日	1 ~ 31	→	D2	日
D8015	时	0 ~ 23	→	D3	时
D8014	分	0 ~ 59	→	D4	分
D8013	秒	0 ~ 59	→	D5	秒
D8019	星期	0（日）~6（六）	→	D6	星期

3. 时钟数据写入指令 TWR

TWR 指令用来将时间设定值写入内置的实时时钟，写入的数据预先存放在〔S〕开始的 7 个元件中。指令执行时，内置的实时时间立即更新，改为新的时间。

（1）指令的使用格式

该指令的格式如图4—3—16 所示。

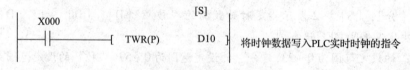

图4—3—16 时钟数据写入指令 TWR

（2）指令使用说明

为了写入数据，必须预先用传送指令（MOV）写好由［S］指定的元件号起始的 7 个元件，见表4—3—9。因为，在执行 TWR 指令后，立即变更实时时钟的时钟数据，变为新时间。因此，需提前数分钟向源数据传送时钟数据，当达到正确时间内，立即执行指令。另外，利用本指令校准时间时，无须控制特殊辅助继电器 M8015（时间停止和时间校准）。

表 4—3—9　　　　　　　　　　　　　　实时时钟寄存器表

	源元件	项目	时钟数据	目标元件	项目	时间数据
时钟设定用数据	D10	年（公历）	0~99（公历后两位）	D8018	年（公历）	实时时钟用特殊数据寄存器
	D11	月	1~12	D8017	月	
	D12	日	1~31	D8016	日	
	D13	时	0~23	D8015	时	
	D14	分	0~59	D8014	分	
	D15	秒	0~59	D8013	秒	
	D16	星期	0（日）~6（六）	D8019	星期	

4. 实时时钟处理指令的编程实例

某植物园对 A、B 两种植物进行浇灌，控制要求如下：A 类植物需要定时浇灌，要求在早上 6：00—6：30，晚上 23：00—23：30 浇灌；B 类植物需要每隔一天的晚上 23：00 浇灌一次，每次 10 min。

根据控制要求可采用时钟运算比较指令、时钟数据读取指令和触点比较指令及交替输出指令进行编程设计，编制的梯形图程序如图 4—3—17 所示。

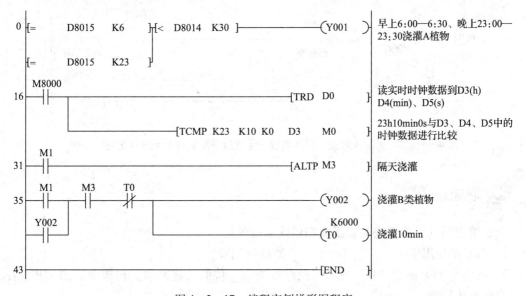

图 4—3—17　编程实例梯形图程序

二、技能知识拓展

用区间比较指令和触点比较指令实现上册课题三任务 4 的十字路口交通灯的控制。

1. 根据控制要求，列出 I/O 通道分配表

十字路口交通灯的 I/O 通道分配表详见前述课题三任务 4 中的表 3—4—2。

2. 画出 PLC 接线图（I/O 接线图）

十字路口交通灯的 PLC 接线图（I/O 接线图），详见前述课题三任务 4 中的图 3—4—6。

3. 程序设计

在进行程序设计时，东西、南北两边交通灯应分别采用两条区间比较指令和触点比较指令进行设计。东西交通灯点亮顺序为绿灯—黄灯—红灯，南北交通灯点亮顺序为红灯—绿灯—黄灯，设计出的梯形图控制程序如图4—3—18所示。

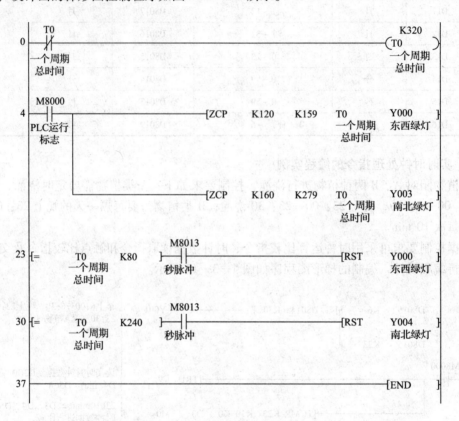

图4—3—18　采用区间比较指令和触点比较指令控制的十字路口交通灯程序

 巩固与提高

一、填空题（请将正确的答案填在横线空白处）

1. ZCP 指令用于将_____数与_____数进行比较。

2. 在指令 ZCP 前加"D"表示其操作数为____位的二进制数，在指令后加"P"表示指令为脉冲执行型。

3. ZCP 指令在执行比较操作后，即使其执行条件被破坏，目标操作数的状态仍保持不变，除非用_____指令将其复位。

4. 当 ZCP 指令执行时，每扫描一次该梯形图，就将〔S〕内的数与源操作数〔S1〕和〔S2〕进行比较，结果如下：当〔S1〕_____〔S2〕时，〔D〕= ON；当〔S1〕____〔S〕____〔S2〕时，〔D+1〕= ON；当〔S1〕____〔S2〕时，〔D+2〕= ON。

5. 触点比较指令相当于一个触点，指令执行时，比较两个操作数〔S1〕、〔S2〕，满足比较条件则触点_____。

6. 在触点比较指令前加"D"表示其操作数为 32 位的二进制，在指令后加"P"表示指令为_____。

二、分析题

将如图 4—3—19 所示的梯形图转换成指令表，并分析其功能和写出比较结果。

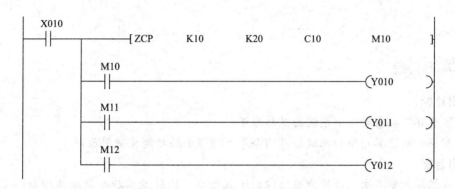

图 4—3—19　ZCP 指令的应用

三、技能题

用 PLC 的触点比较指令实现路灯亮与灭的控制。控制要求为晚上 18：00 自动开灯，早晨 6：00 自动关灯。

1. 设计要求

（1）写出输入输出元件与 PLC 地址对照表。

（2）画出 PLC 接线图。

（3）设计出完整的梯形图。

（4）写出指令表。

（5）将程序输入 PLC。

（6）模拟调试。

2. 考核内容

（1）PLC 接线图设计

1）PLC 输入输出接线图正确。

2）PLC 电源接线图、负载电源接线图完整。

（2）程序设计

1）输入输出元件与 PLC 地址对照表符合被控设备实际情况及 PLC 数据范围。

2）梯形图及指令表正确。

（3）程序输入及模拟调试

1）能正确地将所编程序输入 PLC。

2）按照被控设备的动作要求进行模拟调试，达到设计要求。

工时定额：90 min。

3. 评分标准（参见表 4—1—7）

任务4　自动售货机控制系统

学习目标

知识目标：

1. 了解售货机自动控制系统的工作原理。

2. 掌握四则运算指令和比较运算指令等功能指令的功能及使用原则。

能力目标：

1. 能根据控制要求，灵活地应用四则运算指令、比较运算指令等功能指令，完成自动售货机控制系统的程序设计，并通过仿真软件采用软元件测试的方法，进行仿真。

2. 掌握自动售货机的 PLC 控制系统的线路安装与调试。

自动售货机特别适合放置在医院、语言培训中心、青少年活动中心、学生宿舍、邮件分拣中心以及常年需要 24 小时轮班工作的场所；也可配上 IC 卡系统作为特定用品的限量自动发放设备，如疾病防治、卫生保健用品、办公用品（笔记本、圆珠笔、信笺）等。图 4—4—1 所示就是一款集投币（计币）、比较、选择、供应、退币和报警等多功能于一体的自动售货机。

图 4—4—1　自动售货机示意图

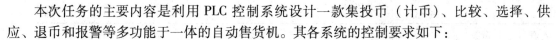

本次任务的主要内容是利用 PLC 控制系统设计一款集投币（计币）、比较、选择、供应、退币和报警等多功能于一体的自动售货机。其各系统的控制要求如下：

1. 计币系统

当有顾客买饮料时，投入的钱币经过感应器，感应器记忆投币的个数且传送到检测系统（即电子天平）和计币系统。只有当电子天平测量的重量少于误差值时，允许计币系统进行叠加钱币，叠加的钱币数据存放在数据寄存器 D2 中。如果不正确时，认为是假币，则退出投币，等待新顾客。

2. 比较系统

投入完毕后，系统会把 D2 内钱币数据和可以购买的价格进行区间比较，当投入的钱币小于 2 元时，指示灯 Y0 亮，显示投入钱币不足。此时可以再投币或选择退币。当投入的钱币在 2~3 元时，汽水选择指示灯长亮。当大于 3 元时，汽水和咖啡的指示灯同时长亮。此时可以选择饮料或选择退币。

3. 选择系统

比较电路完成后选择电路指示灯是长亮的，当按下汽水或咖啡选项按钮，相应的选择指示灯由长亮转为以 1 s 为周期的闪烁。当饮料供应完毕后，闪烁同时停止。

4. 饮料供应系统

当按下选择按钮时，相应的电磁阀（Y4 或 Y6）和电动机（Y3 或 Y5）同时启动。在饮料输出的同时，减去相应的购买钱币数。当饮料输出达到 8 s 时，电磁阀首先关断，小电动机继续工作 0.5 s 后停机。此小电动机的作用是在输出饮料时，加快输出。在电磁阀关断时，给电磁阀加压，加速电磁阀关断。由于售货机长期使用后，电磁阀使用过多时，返回弹力会减少，不能完全关断会出现漏饮料现象。此时电动机 Y3 和 Y5 延长工作 0.5 s 起到电磁阀加压的作用，使电磁阀可以完好关断。

5. 退币系统

顾客购完饮料后，多余的钱币只要按下退币按钮，可通过退币系统控制实现退币。

6. 报警系统

报警系统如果是非故障报警，只要通过网络通知送液车或者送币车即可。但如果是故障报警则需要通知维修人员到现场进行维修，同时停止服务，避免造成顾客的损失。

 任务准备

实施本任务所需的实训设备及工具材料可参考表 4—4—1。

表 4—4—1   实训设备及工具材料

序号	分类	名称	型号规格	数量	单位	备注
1	工具	电工常用工具		1	套	
2	仪表	万用表	MF47 型	1	块	

续表

序号	分类	名称	型号规格	数量	单位	备注
3		编程计算机		1	台	
4		接口单元		1	套	
5		通信电缆		1	条	
6		可编程序控制器	FX2N－48MR	1	台	
7		安装配电盘	600 mm×900 mm	1	块	
8	设备器材	导轨	C45	0.3	m	
9		空气断路器	Multi9 C65N D20	1	只	
10		熔断器	RT28－32	6	只	
11		按钮	LA19	2	只	
12		指示灯	220 V	6	只	
13		接触器	CJ12－10	5	只	
14		电磁阀	220 V	1	只	
15		电动机	型号自定	5	台	
16		端子	D－20	20	只	
17		铜塑线	BV1/1.37 mm²	10	m	主电路
18		铜塑线	BV1/1.13 mm²	15	m	控制电路
19		软线	BVR7/0.75 mm²	10	m	
20	消耗材料	紧固件	M4×20 螺杆	若干	只	
21			M4×12 螺杆	若干	只	
22			ϕ4 mm 平垫圈	若干	只	
23			ϕ4 mm 弹簧垫圈及 M4 螺母	若干	只	
24		号码管		若干	m	
25		号码笔		1	支	

任务分析

通过对上述控制要求的分析可知，本任务将用到数据比较指令和四则运算指令。因此，在进行本任务的编程设计前，必须先掌握数据比较指令 CMP 和二进制四则运算指令等功能指令的功能及使用原则，然后才能实现对自动售货机控制程序的设计。在前面任务中已对数据比较指令 CMP 进行了介绍，在此重点介绍与本任务有关的二进制四则运算指令中的加、减、乘、除指令的功能及使用原则，以及在本任务设计中的应用。

相关知识

一、四则运算指令

四则运算指令包括二进制的加、减、乘、除等内容。二进制的加、减、乘、除运算的助记符和功能见表4—4—2。

表4—4—2　　　　　　　　　　四则运算指令的助记符及功能

助记符	功能	操作数			程序步数
		源（S1）	源（S2）	目标（D）	
ADD（FNC20）	将两数相加，结果存放到目标元件中	K、H、KnX、KnY、KnM、KnS、T、C、D、V、Z		KnY、KnM、KnS、T、C、D、V、Z	ADD（P），7步 DADD（P），13步
SUB（FNC21）	将两数相减，结果存放到目标元件中	K、H、KnX、KnY、KnM、KnS、T、C、D、V、Z		KnY、KnM、KnS、T、C、D、V、Z	SUB（P），7步 DSUB（P），13步
MUL（FNC22）	将两数相乘，结果存放到目标元件中	K、H、KnX、KnY、KnM、KnS、T、C、D、V、Z		KnY、KnM、KnS、T、C、D、V、Z	MUL（P），7步 DMUL（P），13步
DIV（FNC23）	将两数相除，结果存放到目标元件中	K、H、KnX、KnY、KnM、KnS、T、C、D、V、Z		KnY、KnM、KnS、T、C、D、V、Z	DIV（P），7步 DDIV（P），13步

二、四则运算指令的使用格式及编程实例

1．加法指令（ADD）

加法指令是将指定源元件中的二进制数相加，结果送到指定的目标元件中。

（1）指令功能

ADD指令是加法指令，其使用格式如图4—4—2所示。

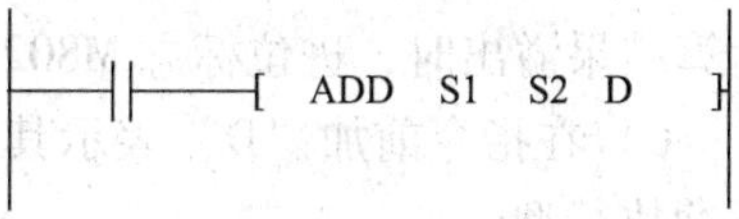

图4—4—2　ADD指令使用格式

使用说明如下：

1）ADD指令将两个源操作数〔S1〕与〔S2〕的数据内容相加，然后存放于目标操作数〔D〕中。

2）源操作数〔S1〕与〔S2〕的形式可以为K，H，Kn，KnX，KnY，KnM，KnS，T，C，D，V，Z；而目标操作数的形式可以为KnY，KnM，KnS，T，C，D，V，Z。

3）指定源中的操作数必须是二进制，其最高位为符号位。如果该位为"0"，则表示该数为正；如果该位为"1"，则表示该数为负。

4）操作数是16位的二进制数时，数据范围是 −32 768 ～ +32 767。操作数是32位的二进制数时，数据范围是 −2 147 483 648 ～ +2 147 183 647。

5）运算结果为零时，零标志M8020 = ON；运算结果为负时，借位标志M8021 = ON；运算结果溢出时，进位标志M8022 = ON。

6）在指令前加"D"表示其操作数为32位的二进制数，在指令后加"P"表示指令为脉冲执行型。

（2）编程实例

如图 4—4—3 所示，当 PLC 运行时，将 K123 与 K456 相加，结果存于 D2 中。

如图 4—4—4 所示，当 PLC 运行时，将 K1X000 与 K1X004 中的两值相加，结果存于 D2 寄存器中。

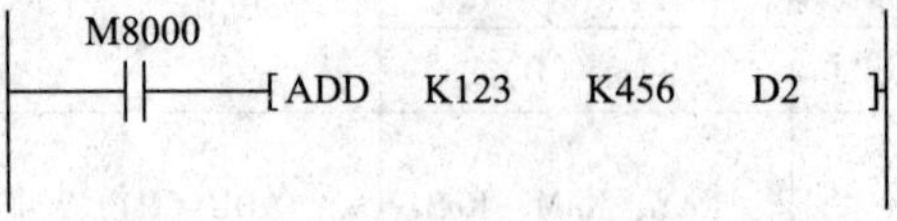

M8000
ADD　K123　K456　D2

图 4—4—3　ADD 指令编程实例 1

M8000
ADD　K1X000　K1X004　D2

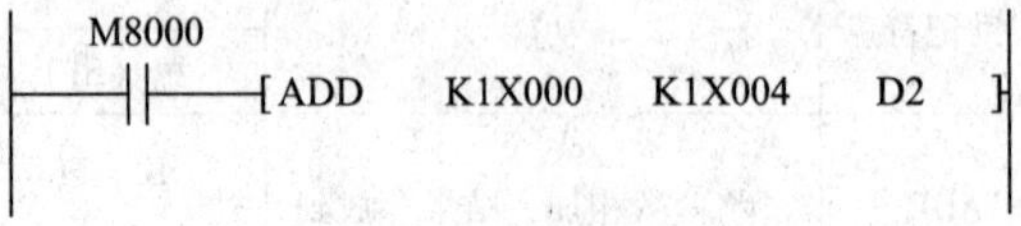

图 4—4—4　ADD 指令编程实例 2

2. 减法指令（SUB）

（1）指令功能

指令 SUB 是减法指令，其使用格式如图 4—4—5 所示。

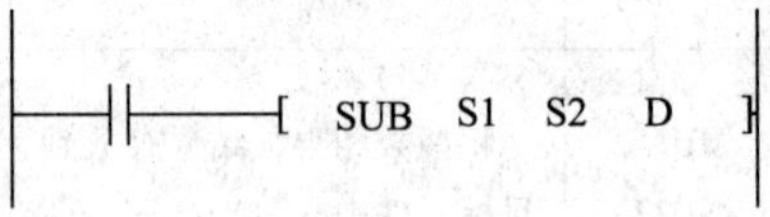

SUB　S1　S2　D

图 4—4—5　SUB 指令使用格式

使用说明如下：

1）SUB 指令将两个源操作数〔S1〕与〔S2〕数据内容相减，然后存放于目标操作数〔D〕中。

2）源操作数〔S1〕与〔S2〕的形式可以为 K，H，K*n*，K*n*X，K*n*Y，K*n*M，K*n*S，T，C，D，V，Z；而目标操作数的形式可以为 K*n*Y，K*n*M，K*n*S，T，C，D，V，Z。

3）指定源中的操作数必须是二进制，其最高位为符号位。如果该位为“0”，则表示该数为正；如果该位为“1”，则表示该数为负。

4）操作数是 16 位的二进制数时，数据范围为 -32 768 ~ +32 768。操作数是 32 位的二进制数时，数据范围为 -2 147 483 648 ~ +2 147 183 647。

5）运算结果为零时，零标志 M8020 = ON；运算结果为负时，借位标志 M8021 = ON；运算结果溢出时，进位标志 M8022 = ON。

6）在指令前加“D”表示其操作数为 32 位的二进制数，在指令后加“P”表示指令为脉冲执行型。

（2）编程实例

如图 4—4—6 所示，当 X000 = ON 时，将 D0 的数值减去 D1 的数值，结果存放在 D2 中。

3. 乘法指令（MUL）

（1）指令功能

指令 MUL 是乘法指令，其使用格式如图 4—4—7 所示。

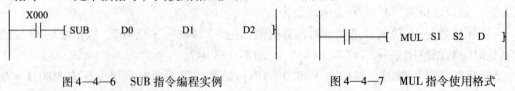

X000
SUB　D0　D1　D2

图 4—4—6　SUB 指令编程实例

MUL　S1　S2　D

图 4—4—7　MUL 指令使用格式

使用说明如下：

1）MUL 指令将两个源操作数〔S1〕与〔S2〕数据内容相乘，然后存放于目标操作数〔D+1〕~〔D〕中。

2）源操作数〔S1〕与〔S2〕的形式可以为 K，H，Kn，KnX，KnY，KnM，KnS，T，C，D，V，Z；而目标操作数的形式可以为 KnY，KnM，KnS，T，C，D。

3）若源操作数〔S1〕、〔S2〕为 32 位二进制数，则结果为 64 位，存放在〔D+3〕~〔D〕中。

4）在指令前加"D"表示其操作数为 32 位的二进制数，在指令后加"P"表示指令为脉冲执行型。

（2）编程实例

图 4—4—8 所示为 16 位二进制乘法。当 X010 = ON 时，〔D1〕×〔D2〕=〔D3、D4〕。

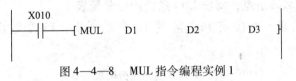

图 4—4—8　MUL 指令编程实例 1

图 4—4—9 所示为 32 位二进制乘法。当 X010 = ON 时，〔D1、D0〕×〔D3、D2〕=〔D7、D6、D5、D4〕。

```
      X010
  ┤├─────[ DMUL    D0        D2        D4  ]
```

图 4—4—9　MUL 指令编程实例 2

4. 除法指令（DIV）

（1）指令功能

DIV 是二进制除法指令，其使用格式如图 4—4—10 所示。

```
  ┤├──────[ DIV  S1  S2  D  ]
```

图 4—4—10　DIV 指令使用格式

使用说明如下：

1）DIV 指令将两个源操作数〔S1〕与〔S2〕数据内容相除，然后存放于目标操作数〔D〕中将余数存放于〔D+1〕。

2）源操作数〔S1〕与〔S2〕的形式可以为 K，H，Kn，KnX，KnY，KnM，KnS，T，C，D，V，Z；而目标操作数的形式可以为 KnY，KnM，KnS，T，C，D。

3）在指令前加"D"表示其操作数为 32 位的二进制数，在指令后加"P"表示指令为脉冲执行型。

（2）编程实例

图 4—4—11 所示为两个 16 位二进制数相除。当 X010 = ON 时，〔D1〕/〔D2〕=〔D3〕……〔D4〕

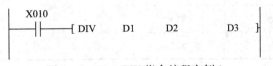

图 4—4—11　DIV 指令编程实例 1

图 4—4—12 所示为两个 32 位二进制数相除。当 X010 = ON 时，〔D1、D0〕/〔D3、D2〕=〔D5、D4〕……〔D7、D6〕。

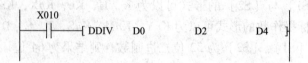

图 4—4—12　DIV 指令编程实例 2

一、分配输入点和输出点，写出 I/O 通道地址分配表

根据上述控制要求，可确定 PLC 需要 16 个输入点，13 个输出点，其分配表见表 4—4—3。

表 4—4—3　　　　　　　　　　　　　I/O 通道地址分配表

输　　入			输　　出		
元件代号	作用	输入继电器	元件代号	作用	输出继电器
SL1	1 角钱币入口	X0	1HL	钱币不足	Y0
SL2	5 角钱币入口	X1	2HL	汽水选择灯	Y1
SL3	1 元钱币入口	X2	3HL	咖啡选择灯	Y2
SB2	汽水选择按钮	X3	KM1	汽水电动机	Y3
SB3	咖啡选择按钮	X4	YV1	汽水电磁阀	Y4
SL4	1 元退币感应器	X5	KM2	咖啡电动机	Y5
SL5	5 角退币感应器	X6	YV2	咖啡电磁阀	Y6
SL6	1 角退币感应器	X7	4HL	无币报警	Y7
SB4	退币按钮	X10	5HL	没有汽水报警	Y11
SL7	汽水液量不足	X11	6HL	没有咖啡报警	Y12
SL8	咖啡液量不足	X12	KM3	1 元传动电动机	Y13
SL9	1 元钱不足	X13	KM4	5 角传动电动机	Y14
SL10	5 角钱不足	X14	KM5	1 角传动电动机	Y15
SL12	1 角钱不足	X15			
SB0	启动	X16			
SB1	停止	X17			

二、画出 PLC 接线图（I/O 接线图）

PLC 接线图（I/O 接线图）如图 4—4—13 所示。

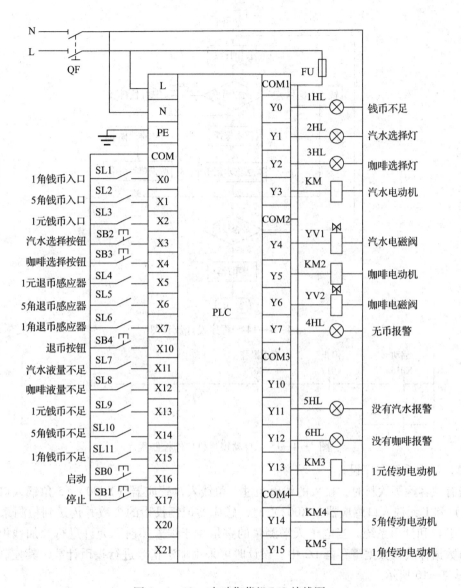

图 4—4—13 自动售货机 I/O 接线图

三、程序设计

根据 I/O 通道地址分配表及任务控制要求分析，画出本任务控制的程序设计流程图，并画出梯形图和写出指令语句表。

1. 程序设计流程图

根据任务控制要求分析，可画出本任务的程序设计流程图，如图 4—4—14 所示。

2. 梯形图的设计

（1）自动售货机启停线路设计

自动售货机的启停控制是通过启动按钮 SB0（X016）、停止按钮 SB1（X017）和辅助继电器 M50 进行控制，其控制梯形图如图 4—4—15 所示。

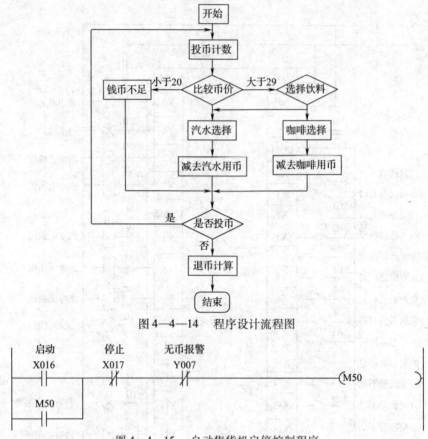

图 4—4—14　程序设计流程图

图 4—4—15　自动售货机启停控制程序

（2）计币系统程序设计

当有顾客购买饮料时，投入的钱币经过 1 角钱入口感应器（X000）、5 角钱入口感应器（X001）和 1 元钱入口感应器（X002）时，感应器记忆投币的个数并传送到检测系统（即电子天平）和计币系统。当电子天平测量的重量少于误差值时，允许进行叠加钱币，叠加的钱币数据存放在数据寄存器 D2 中。设计时可采用加法指令进行投币计数，其控制梯形图如图 4—4—16 所示。

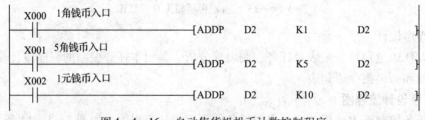

图 4—4—16　自动售货机投币计数控制程序

（3）比较系统程序设计

当钱币投入完毕后，可采用区间比较指令 ZCP，把 D2 内的钱币数据和可以购买的价格进行区间比较，若投入的钱币小于 2 元，辅助继电器 M1 常开触头闭合，指示灯 Y0 亮，显示投入钱币不足。此时可以再投币或选择退币。当投入的钱币在 2～3 元时，辅助继电器 M2

常开触头闭合，接通辅助继电器 M4，M4 的常开触头闭合，接通 Y001，选择汽水指示灯长亮。当大于 3 元时，辅助继电器 M3 常开触头闭合，接通辅助继电器 M5，M5 的常开触头闭合，同时接通 Y001 和 Y002，选择汽水和选择咖啡的指示灯长亮。此时可以选择饮料或选择退币。比较币值的程序如图 4—4—17 所示。

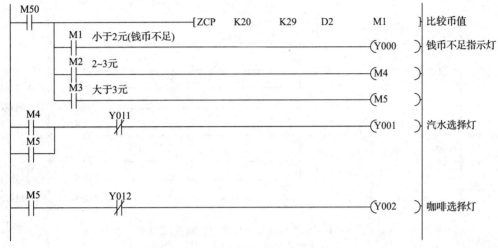

图 4—4—17　自动售货机比较币值控制程序

图中的 Y011 和 Y012 常闭触头的作用是：当自动售货机出现没有汽水和没有咖啡报警时，会自动切断汽水选择和咖啡选择。

（4）选择系统程序设计

由于比较电路完成后选择电路指示灯是长亮的，如图 4—4—17 所示。当按下汽水或者咖啡的选择开关，相应的选择指示灯 Y001 或 Y002 由长亮转为以 1 s 为周期的闪烁，在此可采用时钟脉冲指令 M8013 进行编程，其控制程序如图 4—4—18 所示。图中的 Y003 和 Y005 的常闭触头是选择指示灯长亮和闪烁的连锁。

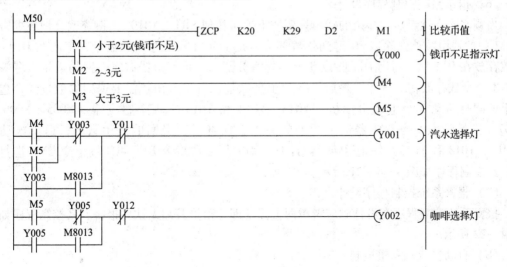

图 4—4—18　自动售货机选择控制程序

（5）饮料供应系统程序设计

1）饮料供应控制。当按下汽水选择按钮 SB2（X003）或咖啡选择按钮 SB3（X004）时，相应的电磁阀（Y004 或 Y006）和电动机（Y003 或 Y005）同时启动。当饮料输出达到 8 s 时，电磁阀首先关断，小电动机继续工作 0.5 s 后停机。其控制的梯形图如图 4—4—19 所示。

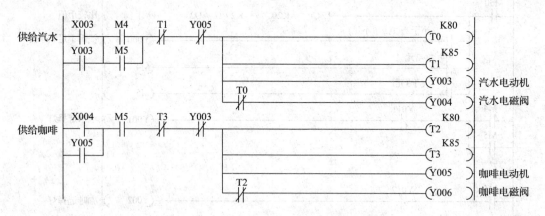

图 4—4—19　自动售货机供应饮料控制程序

2）在饮料输出的同时，系统会减去相应的购买钱币数。设计时可采用 SUB 减法指令进行设计，其程序如图 4—4—20 所示。

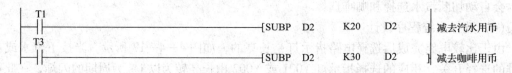

图 4—4—20　自动售货机供应饮料自动减币控制程序

（6）退币系统控制程序设计

当顾客购完饮料后，多余的钱币只要按下退币按钮 SB4（X010），系统就会把数据寄存器 D2 内的钱币数首先除以 10 得到整数部分，是 1 元钱需要退回的数量，存放在 D10 里，余数存放在 D11 里。再用 D11 除以 5 得到的整数部分，是 5 角钱需要退回的数量，存放在 D12 里，余数存放在 D13 里。最后 D13 里面的数值，就是 1 角钱需要退回的数量。在选择退币的同时启动 3 个退币电动机（Y013、Y014 和 Y015）。3 个感应器（X005、X006 和 X007）开始计数，当感应器记录的个数等于数据寄存器退回的钱币数时，退币电动机（Y013、Y014 和 Y015）停止运转。设计时分别采用除法指令 DIV 和比较指令 CMP 进行编程。其控制程序如图 4—4—21 所示。

（7）报警系统控制程序设计

报警系统控制程序在设计时应考虑两方面，即无币报警和无饮料报警。其控制程序如图 4—4—22 所示。

（8）自动售货机完整控制程序

图 4—4—23 所示是本任务自动售货机的控制梯形图。

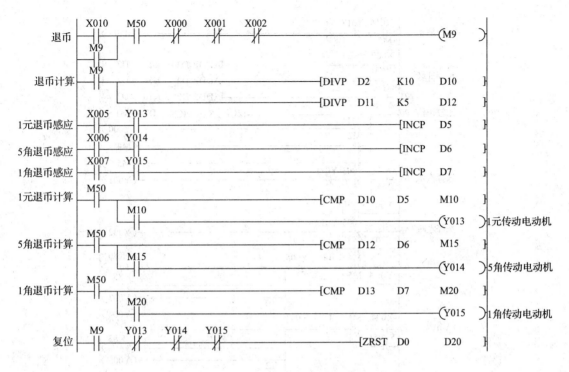

图4—4—21 自动售货机退币系统控制程序

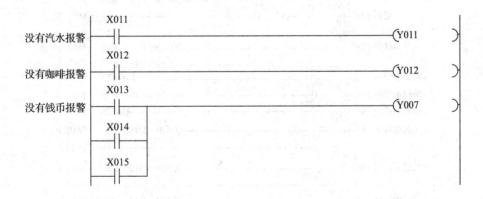

图4—4—22 自动售货机报警系统控制程序

四、程序输入及仿真运行

1. 程序输入

（1）工程名的建立

启动 MELSOFT 系列 GX Developer 编程软件，首先选择 PLC 的类型为"FX2N"，创建新文件名，并命名为"自动售货机控制"。

（2）程序输入

应用前面任务所学的梯形图输入法，输入图4—4—23所示的梯形图。

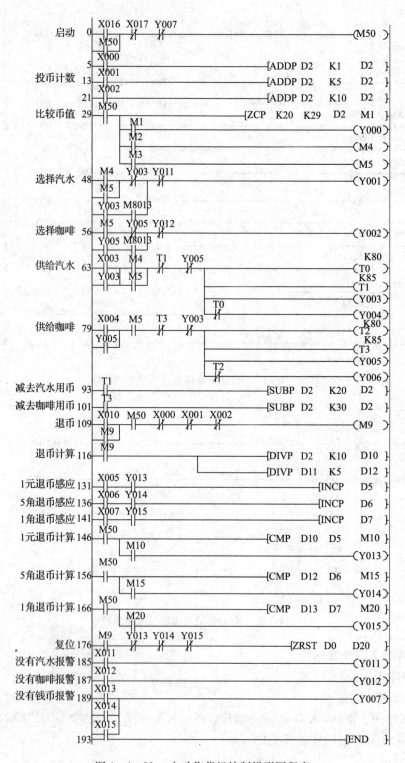

图 4—4—23　自动售货机控制梯形图程序

2. 仿真运行

仿真运行的方法可参照前面任务所述的方法。

五、线路安装与调试

1. 根据 I/O 接线图，按照以下安装电路的要求在模拟实物控制配线板上进行元件及线路安装。

（1）检查元器件

根据表4—4—1配齐元器件，检查元器件的规格是否符合要求，并用万用表检测元器件是否完好。

（2）固定元器件

固定好本任务所需元器件。

（3）配线安装

根据配线原则和工艺要求，进行配线安装。

（4）自检

对照接线图检查接线是否无误，再使用万用表检测电路的阻值是否与设计相符。

2. 程序下载

（1）PLC 与计算机连接

使用专用通信电缆 RS –232/RS422 转换器将 PLC 的编程接口与计算机的 COM1 串口连接。

（2）程序写入

先接通系统电源，将 PLC 的 RUN/STOP 开关拨到"STOP"的位置，然后通过 MELSOFT 系列 GX Developer 软件中的"PLC"菜单的"在线"栏的"PLC 写入"，就可以把仿真成功的程序写入 PLC 中。

3. 通电调试

（1）经自检无误后，在指导教师的指导下，方可通电调试。

（2）先接通系统电源开关 QS，将 PLC 的 RUN/STOP 开关拨到"RUN"的位置，然后通过计算机上的 MELSOFT 系列 GX Developer 软件中的"监控/测试"监视程序的运行情况，再按照表4—4—4进行操作，观察系统运行情况并做好记录。如出现故障，应立即切断电源，分析原因、检查电路或梯形图，排除故障后，方可进行重新调试，直到系统功能调试成功为止。

表4—4—4　　　　　　　　　程序调试步骤及运行情况记录表

操作步骤	操作内容	观察内容	观察结果	思考内容
第一步	按下启动按钮 SB0	指示灯 1HL、2HL、3HL、4HL、5HL、6HL 和 KM1、KM2、KM3、KM4、KM5 及 YV1、YV2		理解 PLC 的工作过程
第二步	分别接通 SL1、SL2 和 SL3 传感器			
第三步	按下 SB2			
第四步	按下 SB3			
第五步	按下 SB4			
第六步	分别接通 SL4、SL5 和 SL6 传感器			

续表

操作步骤	操作内容	观察内容	观察结果	思考内容
第七步	分别接通 SL7、SL8			
第八步	分别接通 SL9、SL10 和 SL11 传感器			
第九步	按下 SB1			

操作提示

在进行自动售货机控制系统的梯形图程序设计、上机编程、模拟仿真及线路安装与调试的过程中，时常会遇到如下问题：

问题： 在设计计币系统程序设计时，采用加法指令 ADD 时，未在指令后加"P"，如图 4—4—24 所示。

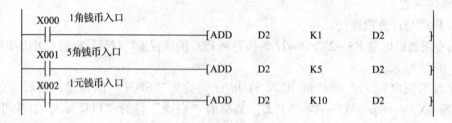

图 4—4—24　错误程序

后果及原因： 在设计计币系统程序设计时，采用加法指令 ADD 时，未在指令后加"P"，会造成当投币时间过长时重复计币，致使计数错误。

预防措施： 为避免计币系统在计币时出现重复计币的现象，应采用加法脉冲指令编程，即在加法指令后加"P"，正确的梯形图如图 4—4—16 所示。

任务测评

对任务实施的完成情况进行检查，并将结果填入任务测评表（见表 4—1—7）中。

知识拓展

一、理论知识拓展

1. 二进制加 1 和减 1 运算的助记符和功能

二进制加 1 和减 1 运算的助记符和功能见表 4—4—5。

助记符	功能	操作数		程序步数
		〔D〕		
INC	目标元件加1	KnY，KnM，KnS，T，C，D，V，Z（V、Z不能操作32位操作）		INC（P）：3步 DINC（P）：5步
DEC	目标元件减1	KnY，KnM，KnS，T，C，D，V，Z（V、Z不能操作32位操作）		DEC（P）：3步 DDEC（P）：5步

表4—4—5　　二进制加1和减1运算的助记符和功能

2. 使用格式

加1指令（INC）和减1指令（DEC）的使用格式如图4—4—25所示。

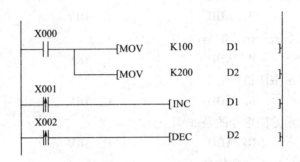

图4—4—25　二进制数加1和减1

3. 指令说明

（1）INC指令的意义为目标元件当前值D1＋1→D1。在16位运算中，＋32 767加1则成－32 767；在32位运算中，＋2 147 483 647加1则成－2 147 483 647。

（2）DEC指令的意义为目标元件当前值D2－1→D2。在16位运算中，＋32 767减1则成－32 767；在32位运算中，＋2 147 483 647减1则成－2 147 483 647。

（3）采用连续指令时，INC和DEC指令在各扫描周期都做加1运算和减1运算。因此，在图4—4—25中，X001和X002都使用上升沿检测指令。每次X001闭合，D1当前值加1；每次X002闭合，D2当前值减1。

二、技能知识拓展

运行如图4—4—26所示程序，讨论Y0～Y3得电情况。

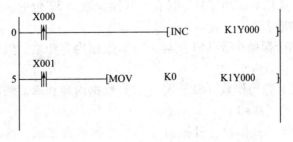

图4—4—26　二进制数加1编程实例

通过运行程序可知，按 X000 第一次闭合，Y000 得电；第二次，Y001 得电；第三次，Y001、Y000 得电；第四次；Y002 得电；第五次，Y002、Y000 得电；第六次，Y002、Y001 得电；第七次，Y002、Y001、Y000 得电；第八次，Y003 得电。如此下去，一直到第十五次，Y003、Y002、Y001、Y000 得电；第十六次，Y003、Y002、Y001、Y000 全失电。运行中间若按 X001，则 Y000 ~ Y004 失电。

巩固与提高

一、选择题（将正确答案的序号填入括号内）

1. 下列助记符表示加法指令的是（　　　）。

A. SUB　　　　　　B. ADD　　　　　　C. DIV　　　　　　D. MUL

2. 下列助记符表示减法指令的是（　　　）。

A. SUB　　　　　　B. ADD　　　　　　C. DIV　　　　　　D. MUL

3. 下列助记符表示乘法指令的是（　　　）。

A. SUB　　　　　　B. ADD　　　　　　C. DIV　　　　　　D. MUL

4. 下列助记符表示除法指令的是（　　　）。

A. SUB　　　　　　B. ADD　　　　　　C. DIV　　　　　　D. MUL

5. 下列助记符表示加 1 指令的是（　　　）。

A. SUB　　　　　　B. ADD　　　　　　C. INC　　　　　　D. DEC

6. 下列助记符表示减 1 指令的是（　　　）。

A. SUB　　　　　　B. ADD　　　　　　C. INC　　　　　　D. DEC

7. FX 系列数据寄存器可分为（　　　）类。

A. 2　　　　　　　B. 3　　　　　　　C. 4　　　　　　　D. 5

二、判断题（在下列括号内，正确的打"√"，错误的打"×"）

1. 数据寄存器是存储数据的软元件，这些寄存器都是 16 位的，可存储 16 位二进制数，最高位为符号位（0 为正数，1 为负数）。　　　　　　　　　　　　　　　　　　　　（　　）

2. 一个存储器能处理的数值为 - 32 767 ~ + 32 768。　　　　　　　　　　　　　　（　　）

3. 32 位寄存器可处理的数据为 - 2 147 483 648 ~ + 2 147 183 647。　　　　　　　（　　）

4. 将两个相邻的寄存器组合可存储 48 位二进制数。　　　　　　　　　　　　　　（　　）

5. 只有在四则运算指令前加"D"就表示其操作数为 32 位的二进制数，在指令后加"P"表示指令为脉冲执行型。　　　　　　　　　　　　　　　　　　　　　　　　　　　　（　　）

6. MUL 指令将两个源操作数〔S1〕与〔S2〕数据内容相乘，然后存放于目标操作数〔D + 1〕~〔D〕中。　　　　　　　　　　　　　　　　　　　　　　　　　　　　　　　　（　　）

7. DIV 指令将两个源操作数〔S1〕与〔S2〕数据内容相除，然后存放于目标操作数〔D〕中，将余数存放于〔D + 1〕。　　　　　　　　　　　　　　　　　　　　　　　　（　　）

8. SUB 指令将两个源操作数〔S1〕与〔S2〕数据内容相减，然后存放于目标操作数〔D - 1〕中。　　　　　　　　　　　　　　　　　　　　　　　　　　　　　　　　　　（　　）

9. ADD 指令将两个源操作数〔S1〕与〔S2〕数据内容相加，然后存放于目标操作数〔D+1〕中。　　　　　　　　　　　　　　　　　　　　　　　　　（　　　）

三、分析题

1. 梯形图如图 4—4—27 所示，试将梯形图转换成指令语句表。

2. 梯形图如图 4—4—28 所示，试将梯形图转换成指令语句表。

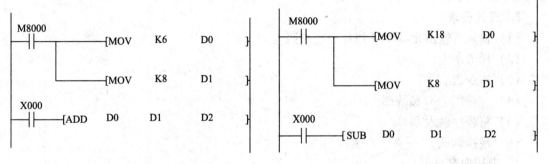

图 4—4—27　加法指令应用梯形图　　　　　图 4—4—28　减法指令应用梯形图

3. 梯形图如图 4—4—29 所示，试将梯形图转换成指令语句表。

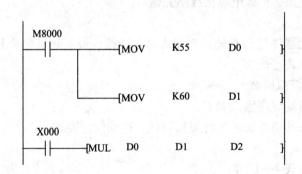

图 4—4—29　乘法指令应用梯形图

4. 梯形图如图 4—4—30 所示，试将梯形图转换成指令语句表。

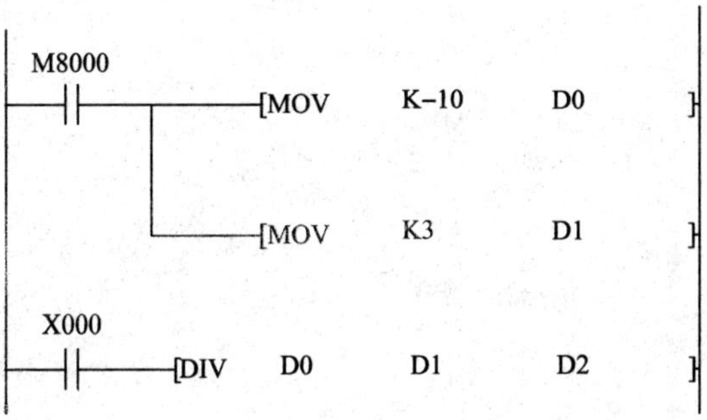

图 4—4—30　除法指令应用梯形图

四、设计题

用乘法指令实现灯组的移位循环的 PLC 控制。

1. 设计任务

一组灯共有 15 盏，分别接于 Y000 ~ Y017。要求：当按下按钮 SB（X000 = ON）时，灯正序每隔 1 s 单个移位，并循环；当 X000 = ON 且 Y000 = OFF 时，灯反序每隔 1 s 单个移位，至 Y000 为 ON，停止。

2. 设计要求

（1）输入、输出元器件与 PLC 地址对照表。

（2）梯形图设计。

（3）指令表。

（4）完整的 PLC 接线图。

（5）将程序输入 PLC。

（6）模拟调试。

3. 考核内容

（1）PLC 接线图设计

1）PLC 输入、输出接线图正确。

2）PLC 电源接线图、负载电源接线图完整。

（2）程序设计

1）输入、输出元器件与 PLC 地址对照表符合被控设备实际情况及 PLC 数据范围。

2）梯形图及指令表正确。

（3）程序输入及模拟调试

1）能正确地将所编程序输入 PLC。

2）按照被控设备的动作要求进行模拟调试，达到设计要求。

工时定额：60 min。

4. 评分标准（见表 4—1—7）

课题五

PLC 综合应用技术

考工要求

行为领域	鉴定范围	鉴定点	重要程度
理论知识	可编程序控制器、变频器和触摸屏的基本知识	1. 变频器的用途、组成及工作原理 2. 变频器的选用原则 3. 变频器与 PLC 连接的注意事项 4. PLC 与变频器的综合应用 5. 触摸屏的用途、组成及工作原理 6. 触摸屏的软件安装与使用 7. PLC、变频器和触摸屏的综合应用	★★
操作技能	PLC、变频器和触摸屏的综合应用	1. 能根据控制要求进行变频器有关参数的设置 2. 能根据控制要求进行 PLC、变频器和触摸屏控制程序的设计、安装与调试 3. 能使用编程软件来模拟现场信号进行程序调试	★★★

任务1　　PLC 控制变频器实现电动机的正反转

 学习目标

知识目标：

1. 熟悉变频器的分类、组成及内部结构。
2. 掌握三菱 FR – A740 型变频器的标准接线与端子功能。
3. 掌握 PLC 和变频器连接的三种方式。

能力目标：

1. 能够正确设置用 PLC 控制变频器实现电动机正、反转所需要的参数。
2. 能够根据控制要求，进行 PLC 与变频器的连接和控制程序的编制，并进行安装及调试。

在实际生产中，三相异步电动机正、反转控制是比较常见的。图 5—1—1a 所示是大家熟悉的利用继电器—接触器控制的电动机正、反转控制电路。图 5—1—1b 所示是继电器—接触器与变频器配合实现对电动机正、反转控制的接线图。

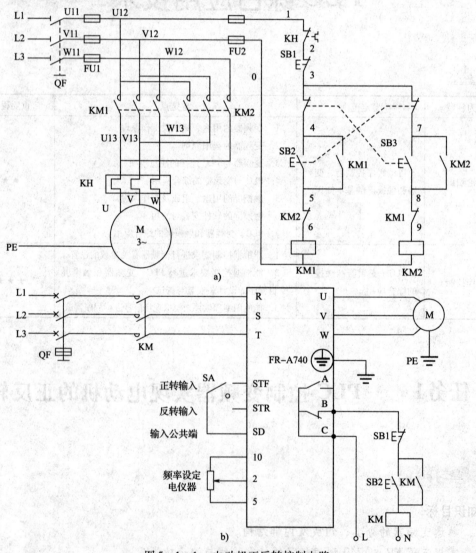

图 5—1—1　电动机正反转控制电路

a）继电器—接触器控制的正、反转电路图　b）继电器—接触器与变频器配合控制的正、反转接线图

本任务的主要内容是利用 PLC 与变频器对上述电路进行改造，以实现 PLC 与变频器配合控制电动机的正、反转，具体控制要求如下：

（1）按下正转启动按钮 SB2，变频器控制电动机正向运转，正向启动时间为 3 s，变频器的输出频率为 35 Hz。

（2）按下反转按钮 SB3，变频器控制电动机反向运转，反向启动时间为 3 s，变频器输出频率为 35 Hz。

（3）按下停止按钮 SB1，变频器控制电动机 3 s 内停止运转。

 任务准备

表 5—1—1　　　　　　　　　　　　实训设备及工具、材料

序号	分类	名称	型号规格	数量	单位	备注
1	工具	电工常用工具		1	套	
2	仪表	万用表	MF47 型	1	块	
3	设备器材	编程计算机		1	台	
4		接口单元		1	套	
5		通信电缆		1	条	
6		可编程序控制器	FX2N – 48MR	1	台	
7		变频器	FR – A740	1	台	
8		安装配电盘	600 mm × 900 mm	1	块	
9		导轨	C45	0.3	m	
10		空气断路器	Multi9 C65N D20	1	只	
11		熔断器	RT28 – 32	6	只	
12		按钮	LA4 – 3H	3	只	
13		接触器	CJ10 – 10 或 CJT1 – 10	2	只	
14		接线端子	D – 20	20	只	
15		三相异步电动机	自定	1	台	
16	消耗材料	铜塑线	BV1/1.37 mm²	10	M	主电路
17		铜塑线	BV1/1.13 mm²	15	m	控制电路
18		软线	BVR7/0.75 mm²	10	m	
19		紧固件	M4 × 20 mm 螺杆	若干	只	
20			M4 × 12 mm 螺杆	若干	只	
21			φ4 mm 平垫圈	若干	只	
22			φ4 mm 弹簧垫圈及 M4 螺母	若干	只	
23		号码管		若干	m	
24		号码笔		1	支	

任务分析

PLC 与变频器的连接有三种方式：一是利用 PLC 的开关量输入/输出模块控制变频器；二是利用 PLC 模拟量输出模块控制变频器；三是利用 PLC 通信端口控制变频器。通过对本任务控制要求的分析可知，本任务是利用 PLC 的开关量输入/输出模块控制变频器来实现三相异步电动机的正反转控制。在实施任务之前先要熟悉三菱 FR – A700 系列变频器的组成、各端子的功能以及有关参数设置的方法，然后进行程序的编制，并通过 PLC 与变频器的连接实现对电动机正、反转的变频调速。

相关知识

一、三菱 FR – A700 系列变频器简介

变频器从外部结构来看，有开启式和封闭式两种。开启式变频器的散热性能好，但接线端子外露，适用于电气柜内部的安装；封闭式变频器的接线端子全部在内部，不打开盖子是看不见的。现以三菱 FR – A700 系列封闭式变频器为例介绍变频器的组成。

1. 三菱 FR – A700 系列变频器的外观和结构

三菱 FR – A700 系列封闭式变频器的外形如图 5—1—2 所示，其结构如图 5—1—3 所示。

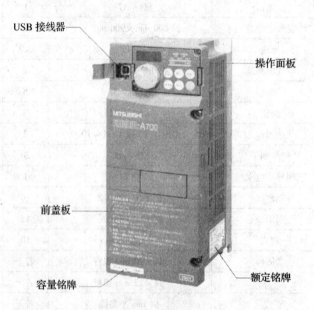

图 5—1—2　三菱 FR – A700 系列变频器的外形

当打开三菱 FR – A740 – 3.7k 型变频器的前盖板后，可看到其内部结构，如图 5—1—4 所示。

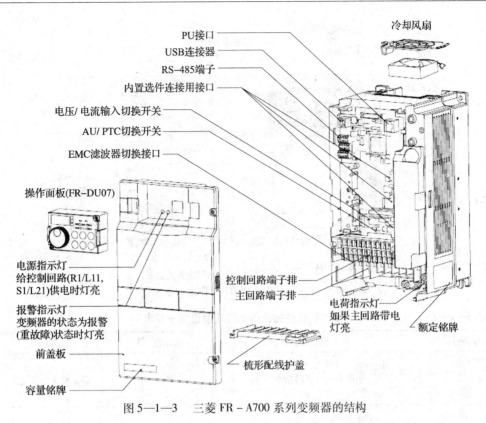

图5—1—3　三菱FR-A700系列变频器的结构

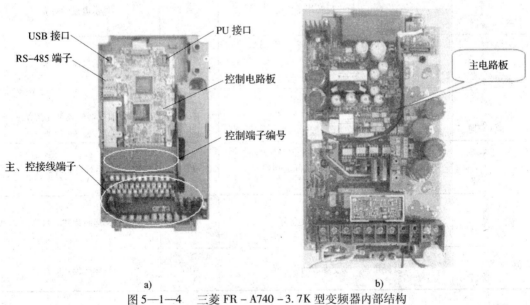

a)　　　　　　　　　　　　　　　　　b)

图5—1—4　三菱FR-A740-3.7K型变频器内部结构

a）正面　b）背面

2. 三菱FR-A740型变频器的操作面板

三菱FR-A740型变频器采用FR-DU07操作面板，其外形及各部分名称如图5—1—5所示。操作面板的按键及指示灯功能说明见表5—1—2。

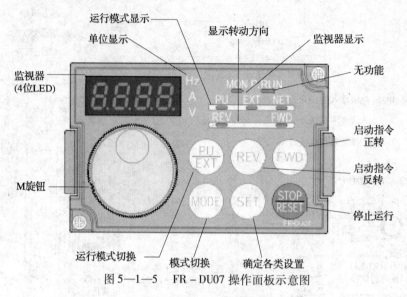

图 5—1—5　FR – DU07 操作面板示意图

表 5—1—2 操作面板按键及指示灯功能说明一览表

面板按键	功能说明	指示灯	状态说明
FWD 键	用于给出正转指令	Hz	显示频率时灯亮
REV 键	用于给出反转指令	A	显示电流时灯亮
MODE 键	切换各设定模式	V	显示电压时灯亮
SET 键	确定各类设置	MON	监视器模式时灯亮
PU/EXT 键	PU 运行与外部运行模式间的切换	PU	PU 运行模式时灯亮
STOP/RESET 键	停止运行，也可复位报警	EXT	外部运行模式时灯亮
旋钮	设置频率，改变参数的设定值	NET	网络运行模式时灯亮

3. 变频器的铭牌

三菱 FR – A700 系列变频器的铭牌一般分为额定铭牌和容量铭牌。图 5—1—6 所示是三菱 FR – A740 – 3.7 kW 型变频器额定铭牌的相关内容，图 5—1—7 所示是其容量铭牌的相关内容。

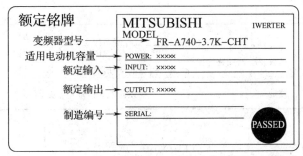

图5—1—6 三菱FR–A740–3.7kW型变频器额定铭牌

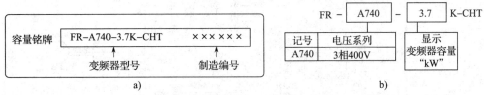

图5—1—7 三菱FR–A740–3.7kW型变频器容量铭牌及型号规格

a）容量铭牌 b）型号规格

4. 三菱FR–A740型变频器的标准接线与端子功能

不同系列的变频器都有其标准的接线端子，接线时应参考使用说明书，并根据实际需要正确地与外部元器件进行连接。变频器的接线主要有两部分：一部分是主电路，用于电源和电动机的连接；另一部分是控制线路，用于控制电路和监测电路的连接。现以本任务所使用的三菱FR–A740变频器为例，介绍该变频器主电路及控制线路各端子的标准接线和功能。

（1）三菱FR–A740变频器标准接线图

三菱FR–A740变频器的标准接线图如图5—1—8所示。

（2）主回路端子

三菱FR–A740变频器的主回路端子如图5—1—9所示，其功能说明见表5—1—3。

表5—1—3 主回路功能说明一览表

端子标记	端子名称	端子功能说明
R/L1，S/L2，T/L3	交流电源输入	连接工频电源。当使用高功率因数变流器（FR–HC、MT–HC）及共直流母线变频器（FR–CV）时空脚
U、V、W	变频器输出	接三相笼型电动机
R1/L11，S1/L21	控制回路用电源	与交流电源端子R/L1、S/L2相连。在保持异常显示或异常输出时，以及使用高功率因数变流器（FR–HC、MT–HC）、电源再生共通变流器（FR–CV）等时，拆下端子R–R1、S–S1之间的短路片，从外部对该端子输入电源
P/+，PR	制动电阻连接（22k以下）	拆下端子PR–PX间的短路片，在端子P/+和P1间连接作为任选件的制动电阻器（FR–ABR）
P/+，N/–	连接制动单元	连接制动单元、共直流母线变流器电源、再生转换器及高功率因数变流器
P/+，P1	连接改善功率因数直流电抗器	55K以下产品拆下端子P/+–P1间的短路片，连接上DC电抗器

续表

端子标记	端子名称	端子功能说明
PR，PX	内置制动器回路连接	端子 PX－PR 之间连接有短路片（初始状态）的状态下，内置的制动器回路为有效
⏚	接地	变频器外壳接地用，必须接地

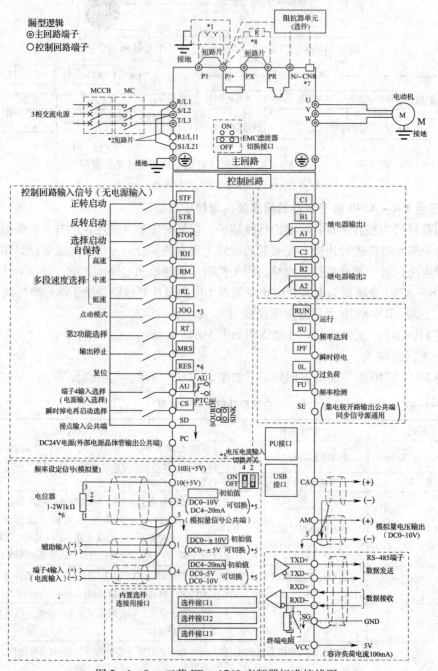

图 5—1—8　三菱 FR－A740 变频器标准接线图

a)

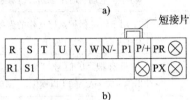

b)

图 5—1—9　三菱 FR – A740 变频器的主回路端子图

a）主回路端子外形图　b）主回路端子示意图

（3）控制回路端子

三菱 FR – A740 变频器的控制回路端子如图 5—1—10 所示，其功能说明见表 5—1—4。

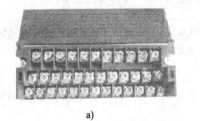

a)

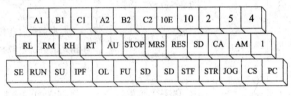

b)

图 5—1—10　三菱 FR – A740 变频器的控制回路端子

a）控制回路端子外形图　b）控制回路端子示意图

表 5—1—4　　　　　　　　　　控制回路端子功能说明一览表

类型		端子标记	端子名称	端子功能说明	
输入信号	接点输入	STF	正转启动	STF 信号处于 ON 为正转，处于 OFF 为停止	STF、STR 信号同时为 ON 时，成为停止指令
		STR	反转启动	STR 信号 ON 为反转，处于 OFF 为停止	
		STOP	启动自保持选择	使 STOP 信号处于 ON，可以选择启动信号自保持	
		RH，RM，RL	多段速度选择	用 RH、RM 和 RL 信号的组合可以选择多段速度	
		JOG	点动模式选择	JOG 信号 ON 时选择点动运行（初期设定），用启动信号（STF、STR）可以点动运行	
			脉冲列输入	JOG 端子也可作为脉冲列输入端子使用	

续表

类型		端子标记	端子名称	端子功能说明
输入信号	接点输入	RT	第 2 功能选择	RT 信号 ON 时，第 2 功能被选择。设定了［第 2 转矩提升］［第 2V/F（基准频率）］时，也可以使 RT 信号处于 ON 时选择这些功能
		MRS	输出停止	MRS 信号为 ON（20 ms 以上）时，变频器输出停止。用电磁制动停止电动机时用于断开变频器的输出
		RES	复位	用于解除保护回路动作的保持状态。使端子 RES 信号处于 ON 在 0.1 s 以上，然后断开
		AU	端子 4 输入选择	只有把 AU 信号置为 ON 时端子 4 才能用（频率设定信号在 DC4~20 mA 之间可以操作），AU 信号置为 ON 时端子 2 的功能将无效
			PTC 输入	AU 端子也可以作为 PTC 输入端子使用（保护电动机的温度）。用做 PTC 输入端子时要把 AU/PTC 切换开关切换到 PTC 侧
		CS	瞬停再启动选择	CS 信号预先处于 ON，瞬时停电再恢复时，变频器便可自动启动。用这种运行必须设定有关参数，因为出厂设定为不能再启动
		SD	接点输入公共端（漏型）	接点输入端子（漏型逻辑）和端子 FM 的公共端子
			外部晶体管公共端（源型）	在源型逻辑时连接可编程序控制器等的晶体管输出时，将晶体管输出用的外部电源公共端连接到该端子上，可防止因漏电而造成的误动作
			DC24 V 电源公共端	DC24 V、0.1 A 电源（端子 PC）的公共输出端子。端子 5 和端子 SE 绝缘
		PC	外部晶体管公共端（漏型）	在漏型逻辑时，连接可编程序控制器等的晶体管输出时，将晶体管输出用的外部电源公共端连接到该端子上，可防止因漏电而造成的误动作
			接点输入公共端（源型）	接点输入端子（源型逻辑）的公共端子
			DC24 V 电源	可以作为 DC24 V、0.1 A 电源使用
	频率设定	10E 10	频率设定用电源	按出厂状态连接频率设定电位器时，与端子 10 连接。当连接到 10E 时，改变端子 2 的输入规格
		2	频率设定（电压）	如果输入 DC0~5 V（或 0~10 V，0~20 mA），当输入 5 V（10 V，20 mA）时成最大输出频率，输出频率与输入成正比
		4	频率设定（电流）	如果输入 DC4~20 mA（或 0~5 V，0~10 V），当 20 mA 时成最大输出频率，输出频率与输入成正比。只有 AU 信号置 ON 时此输入信号才会有效（端子 2 的输入将无效）
		1	辅助频率设定	输入 DC 0 ~ ±5 V 或 DC 0 ~ ±10 V 时，端子 2 或 4 的频率设定信号与这个信号相加，用参数单元进行输入 0 ~ ±5 VDC 或 0 ~ ±10 V DC（出厂设定）的切换

类型		端子标记	端子名称	端子功能说明	
输出信号		5	频率设定公共端	频率设定信号（端子 2，1 或者 4）和模拟输出端子 CA，AM 的公共端子，不要接地	
	接点	A1，B1，C1	继电器输出 1（异常输出）	指示变频器因保护功能动作时输出停止的转换接点。故障时：B - C 之间不导通（A - C 之间导通），正常时：B - C 之间导通（A - C 之间不导通）	
		A2，B2，C2	继电器输出 2	1 个继电器输出（常开/常闭）	
	集电极开路	RUN	变频器正在运行	变频器输出频率为启动频率（初始值 0.5 Hz）以上时为低电平，正在停止或正在直流制动时为高电平	
		SU	频率到达	输出频率达到设定频率的 ±10%（出厂值）时为低电平，正在加/减速或停止时为高电平	报警代码（4 位）输出
		OL	过负载报警	当失速保护功能动作时为低电平，失速保护解除时为高电平	
		IPF	瞬时停电	瞬时停电，电压不足保护动作时为低电平	
		FU	频率检测	输出频率为任意设定的检测频率以上时为低电平，未达到时为高电平	
		SE	集电极开路输出公共端	端子 RUN，SU，OL，IPF，FU 的公共端子	
	模拟	CA	模拟电流输出	可以从多种监示项目中选一种作为输出输出信号与监示项目的大小成正比	输出项目：输出频率（出厂值设定）
		AM	模拟电压输出		
通信	RS - 485	—	PU 接口	通过 PU 接口进行 RS - 485 通信（仅一对一连接），性能如下： ·执行标准：E1A - 485（RS - 485） ·通信方式：多站点通信 ·通信速率：4 800 ~ 38 400 b/s ·最长距离：500 m	
		TXD + TXD -	变频器传输端子	通过 RS - 485 端子进行 RS - 485 通信，性能如下： ·执行标准：E1A - 485（RS - 485） ·通信方式：多站点通信 ·通信速率：300 ~ 38 400 b/s ·最长距离：500 m	
		RXD + TXD -	变频器接受端子		
		SG	接地		
	USB	—	USB 接口	与个人计算机通过 USB 连接后可以实现 FR - Configurator 的操作，性能如下： ·接口：支持 USB1.1 ·传输速度：12 Mb/s ·连接器：USB B 连接器（B 插口）	

二、PLC 和变频器连接

1. 利用 PLC 的开关量输入/输出模块控制变频器

变频器的输入信号中包括对运行/停止、正转/反转、微动等运行状态进行操作的开关型指令信号。变频器通常利用继电器接点或具有继电器接点开关特性的元器件（如晶体管、PLC）相连接，得到运行状态指令，如图 5—1—11 所示。

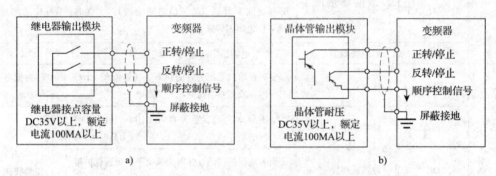

图 5—1—11　PLC 的开关量信号与变频器连接图
a）继电器方式　b）晶体管方式

PLC 的开关量输入/输出端一般可以与变频器的开关量输入/输出端直接连接。这种控制方式的接线很简单，抗干扰能力强，用 PLC 的开关量输入/输出模块可以控制变频器的正反转、转速和加减速时间，能实现较复杂的控制要求。

2. 利用 PLC 模拟量输出模块控制变频器

变频器中存在一些数值型（如频率、电压等）指令信号的输入，可分为数字量输入和模拟量输入两种。数字量输入多采用变频器面板上的键盘操作和串行接口来给定；模拟量输入则通过接线端子由外部给定，通常通过（0～10）V/5 V 的电压信号或 0mA/（4～20）mA 的电流信号输入。由于接口电路因输入信号而异，因此必须根据变频器的输入阻抗选择 PLC 的输出模块，如图 5—1—12 所示。

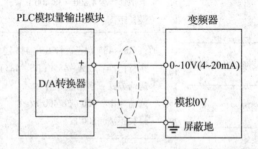

图 5—1—12　PLC 与变频器模拟量信号之间的连接

3. 利用 PLC 通信端口控制变频器

利用 PLC 通信端口控制变频器接线简单，但是需要增加的通信模块价格较贵，熟悉通信模块的使用方法和设计通信程序可能要花较多的时间，本书不做重点学习。

任务实施

一、分配输入点和输出点，写出I/O通道地址分配表

根据任务控制要求，可确定PLC需要3个输入点，2个输出点，其I/O通道分配表见表5—1—5。

表5—1—5　　　　　　　　　　I/O通道地址分配表

输入			输出		
元件代号	作用	输入继电器	元件代号	作用	输出继电器
SB1	停止按钮	X000	STF	正转运行/停止	Y000
SB2	正转按钮	X001	STR	反转运行/停止	Y001
SB3	反转按钮	X002			

二、画出PLC控制变频器接线图

PLC控制变频器接线图如图5—1—13所示。

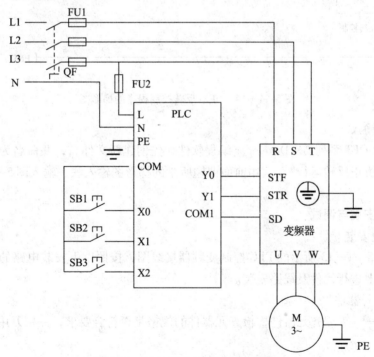

图5—1—13　PLC控制变频器接线图

设计电路原理时，应具备完善的保护功能。PLC输出既可直接与变频器的控制端口连接，也可以驱动外部继电器，再通过继电器的触点来控制变频器的控制端口。变频器电源输入端采用无熔丝的自动断路器，电动机侧也不需要安装接触器和热继电器。

三、程序设计

根据本书课题二任务 2 可设计出本任务控制程序的梯形图，如图 5—1—14 所示。

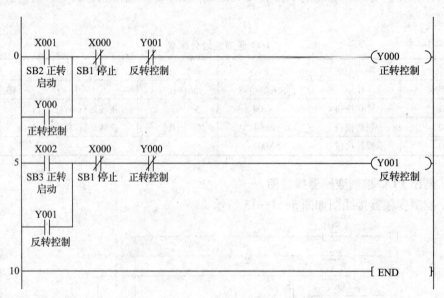

图 5—1—14　正、反转控制程序的梯形图

四、程序输入

启动 MELSOFT 系列 GX Developer 编程软件，先创建新文件名，并命名为"PLC 控制变频器实现电动机正反转运行"，运用前面课题所学的梯形图输入法，输入图 5—1—14 所示的梯形图。

五、线路安装与调试

1. 配线板安装

根据如图 5—1—13 所示的 PLC 控制变频器接线图，按照以下安装电路的要求在模拟实物控制配线板上进行元件及线路安装。

（1）检查元器件

根据表 5—1—1 配齐元器件，检查元器件的规格是否符合要求，并用万用表检测元器件是否完好。

（2）固定元器件

固定好本任务所需的元器件。

（3）配线安装

根据配线原则和工艺要求，进行配线安装。

（4）自检

对照接线图检查接线是否无误，再使用万用表检测电路的阻值是否与设计相符。

2. 变频器的参数设置

合上断路器 QF，按照表 5—1—6 所列的内容进行变频器的回复出厂值和参数设置，具体操作方法及步骤如下：

表 5—1—6　　　　　　　　　　　　变频器参数设置表

参 数 号	参 数 名 称	参 数 值
Pr. 7	上升时间	3 s
Pr. 8	下降时间	3 s
Pr. 20	加减速基准频率	50 Hz
Pr. 3	基底频率	50 Hz
Pr. 1	上限频率	50 Hz
Pr. 2	下限频率	0 Hz
Pr. 79	运行模式	3

（1）恢复变频器出厂默认值

恢复变频器出厂默认值的操作方法及步骤见表 5—1—7。

表 5—1—7　　　　　　　　　恢复变频器出厂默认值的操作方法及步骤

序号	操作方法及步骤	变频器对应的显示画面
①	供给电源时的显示器画面	0.00
②	按 PU/EXT 键切换到 PU 模式	PU显示时灯亮 0.00 PU
③	按 MODE 键进行参数设定	P. 0　显示以前读出的参数编号
④	旋转旋钮调节到"PrCL（ALLC）"	PrCL ALLC　参数清除　参数全部清除
⑤	按 SET 键，读取当前设定值，显示"0"（初始值）	0
⑥	旋转旋钮改变设定值为"1"	1
⑦	再按 SET 键，进行设定	参数清除　参数全部清除　1 PrCL ALLC　闪烁…参数设置完毕

（2）设置基准频率

设置基准频率的操作方法及步骤见表 5—1—8。

表 5—1—8 　　　　　　　　设置基准频率的操作方法及步骤

序号	操作方法及步骤	变频器对应的显示画面
①	供给电源时的显示器画面	 0.00
②	按 PU/EXT 键切换到 PU 模式	 PU显示时灯亮　0.00 PU
③	按 MODE 键进行参数设定	 P. 0　显示以前读出的参数编号
④	 旋转旋钮调节到 "P 3"（Pr. 3基准频率）	P. 3
⑤	按 SET 键，显示现在的设定值 "5000"（50 Hz）	 50.00 Hz
⑥	再按 SET 键，进行设定	 50.00 Hz ⟷ P. 3　闪烁…参数设置完毕

提示

　　在设定变频器的基准频率时，应先确认电动机的额定铭牌，如果铭牌上的频率只有 "60 Hz"，Pr. 3 的基准频率一定要设定为 "60 Hz"。

（3）设置输出频率的上限与下限（Pr. 1，Pr. 2）

设置输出频率上限的操作方法及步骤见表 5—1—9。

表 5—1—9 　　　　　　　　　　设置输出频率上限的操作方法及步骤

序号	操作方法及步骤	变频器对应的显示画面
①	供给电源时的显示器画面	**0.00** Hz MON EXT
②	按 PU/EXT 键切换到 PU 模式	PU显示时灯亮 **0.00** PU
③	按 MODE 键进行参数设定	**P. 0** 显示以前读出的参数编号
④	旋转旋钮旋转到 *P. 1*(Pr. 1)	**P. 1**
⑤	按 SET 键，读取当前设定值，显示"**1200**"（初始值）	**120.0** Hz
⑥	旋转旋钮改变设定值"**50.00**"	**50.00** Hz
⑦	按 SET 键进行设定	**50.00** Hz **P. 1**　闪烁…参数设置完毕

想一想

变频器输出频率的下限值如何设定？

提示

①设定 Pr. 1 后，🔘 旋转旋钮也不能设定比 Pr. 1 更高的值。

②设定频率在 Pr. 2 以下的情况下也只会输出 Pr. 2 设定的值（不会为 Pr. 2 以下）。

③当 Pr. 2 设定值高于 Pr. 13 启动频率设定值时，即使指令频率没有输入，只要启动信号为 ON，电动机就在 Pr. 2 设定的频率下运行。

（4）设置加速时间和减速时间

设置加速时间的操作方法及步骤见表 5—1—10。

表 5—1—10　　　　　　　　　　　　设置加速时间的操作方法及步骤

序号	操作方法及步骤	变频器对应的显示画面
①	供给电源时的显示器画面	**0.00**
②	按 PU/EXT 键切换到 PU 模式	PU显示时灯亮 **0.00** PU
③	按 MODE 键进行参数设定	**P. 0** 显示以前读出的参数编号
④	旋转旋钮到 *P.7*(Pr. 7)	**P. 7**
⑤	按 SET 键，读取当前设定值，显示 "*5.0*"（初始值）	**5.0** 初始值根据容量不同而不同
⑥	旋转按钮改变设定值到 "*3.0*"	**3.0**
⑦	按 SET 键进行设定	**3.0** **P. 7** 闪烁…参数设置完毕

想一想

变频器减速时间如何设定。

提示

① 旋转旋钮可以读取其他参数。

② 按 SET 键再次显示设定值。

③ 按 2 次 SET 键显示下一个参数。

（5）用 M 旋钮设置运行频率

用 M 旋钮设置本任务的运行频率（35 Hz）的操作步骤见表 5—1—11。

表 5—1—11　　　　　　　　　　用 M 旋钮设置运行频率的操作方法及步骤

序号	操作方法及步骤	变频器对应的显示画面
①	供给电源时的显示器画面	0.00 Hz MON EXT
②	按 PU/EXT 键切换到 PU 模式	PU显示时灯亮 0.00 PU
③	旋转旋钮直接设定频率 35 Hz	35.00 闪烁5秒左右
④	数值闪烁时按 SET 键进行频率设定	35.00 F 闪烁…参数设置完毕

3. 程序下载

（1）PLC 与计算机连接

使用专用通信电缆 RS–232/RS–422 转换器将 PLC 的编程接口与计算机的 COM1 串口连接。

（2）程序写入

先接通系统电源，将 PLC 的 RUN/STOP 开关拨到"STOP"的位置，然后通过 MEL-SOFT 系列 GX Developer 软件中的"PLC"菜单的"在线"栏的"PLC 写入"，就可以把仿真成功的程序写入 PLC 中。

4. 通电调试

（1）经自检无误后，在指导教师的指导下，方可通电调试。

（2）先接通系统电源开关 QF，将 PLC 的 RUN/STOP 开关拨到"RUN"的位置，然后通过计算机上的 MELSOFT 系列 GX Developer 软件中的"监控/测试"监视程序的运行情况，再按照表 5—1—12 所列进行操作，观察系统运行情况并做好记录。如出现故障，应立即切断电源，分析原因、检查电路或梯形图，排除故障后，方可进行重新调试，直到系统功能调试成功为止。

表 5—1—12　　　　　　　　　　程序调试步骤及运行情况记录表

操作步骤	操作内容	观察内容	观察结果	思考内容
第一步	按下 SB2			
第二步	按下 SB1			
第三步	按下 SB3	电动机运行和变频器		理解 PLC 的
第四步	再按下 SB1	显示屏的情况		工作过程
第五步	再按下 SB2			
第六步	再按下 SB3			

操作提示

在进行 PLC 控制变频器实现三相异步电动机正、反转运行控制的梯形图程序设计、上机编程、变频器参数设置及线路安装与调试的过程中，时常会遇到如下问题：

问题： 当按下停止按钮 SB1，未等电动机完全降速停止后，就切断变频器的电源。

后果及原因： 由于变频器的逆变电路工作在开关状态，每个 IGBT 大功率开关管都是工作在饱和或截止状态。尽管饱和时通过每只管子的电流很大，但因为饱和压降很低，相对于开关闭合，所以管子的功耗不大。如果电路突然断电，变频器立即停止输出，运行中的电动机失去了降速时间，处于自由停止状态，这时运行中的变频器突然断电，电路中所有的电压都同时下降，当管子导通所需要的驱动电压下降到使管子不能处于饱和状态时，就进入了放大状态。由于放大状态的管压降大大增加，管子的耗散功率也成倍增加，可在瞬间将开关管烧坏。虽然变频器在设计时考虑到了这种情况，并采取了保护措施，但在使用中还应避免突然断电。

预防措施： 当按下停止按钮 SB1 时，应等电动机完全降速停止后，才能切断变频器的电源。

 任务测评

对本任务实施的完成情况进行检查，并将结果填入表 5—1—13 的评分表内。

表 5—1—13　　　　　　　　　　　　　　评分标准

序号	主要内容	考核要求	评分标准	配分	扣分	得分
1	电路设计	根据任务，设计电气原理电路图，列出 PLC 控制 I/O 口（输入/输出）元件地址分配表，根据加工工艺，设计梯形图及 PLC/变频器控制电路接线图	1. 电气控制原理电路图设计功能不全，每缺一项扣 5 分 2. 电气控制原理电路图设计错误，扣 20 分 3. 输入/输出地址遗漏或错误，每处扣 5 分 4. 梯形图表达不正确或画法不规范，每处扣 1 分 5. 接线图表达不正确或画法不规范，每处扣 2 分	70		
2	程序输入和变频器参数设置及运行调试	熟练正确地将所编程序输入 PLC；按照被控设备的动作要求，进行变频器的参数设置，并运行调试，达到设计要求	1. 不会熟练操作 PLC 键盘输入指令，每项扣 2 分 2. 不会删除、插入、修改、存盘等命令，每项扣 2 分 3. 参数设置错误，每处扣 10 分，不会设置参数，扣 30 分 4. 通电试车不成功，扣 50 分 5. 通电试车，每错 1 处扣 10 分			

续表

序号	主要内容	考核要求	评分标准	配分	扣分	得分
3	安装与接线	按PLC、变频器控制接线图在模拟配线板正确安装，元件在配线板上布置要合理，安装要准确紧固，配线导线要紧固、美观，导线要进走线槽，导线要有端子标号	1. 试机运行不正常，扣20分 2. 损坏元件，每个扣5分 3. 试机运行正常，但不按电气原理电路图接线，每处扣5分 4. 布线不符合要求，不美观，主电路、控制电路，每根扣1分 5. 接点松动、露铜过长、反圈、压绝缘层，标记线号不清楚、遗漏或误标，引出端无别径压端子，每处扣1分 6. 损伤导线绝缘或线芯，每根扣1分 7. 不按PLC、变频器控制接线图接线，每处扣5分	20		
4	安全文明生产	劳动保护用品穿戴整齐；电工工具佩戴齐全；遵守操作规程；尊重考评员，讲文明礼貌；考试结束要清理现场	1. 考试中，违反安全文明生产考核要求的任何一项扣2分，扣完为止 2. 当考评员发现考生有重大事故隐患时，要立即予以制止，并每次扣安全文明生产总分5分	10		
合　计						
开始时间：			结束时间：			

 知识拓展

一、变频器与PLC连接的注意事项

变频器与PLC连接使用时，应注意以下几个问题：

（1）当变频器输入信号电路连接不当时，可能会导致变频器的误动作。

（2）注意PLC一侧输入阻抗的大小，以保证电路中的电压和电流不超过电路的容许值，从而提高系统的可靠性和减少误差。

（3）PLC的接地端必须接地良好。应避免和变频器使用共同的接地线，并在接地时尽可能使两者分开。

（4）当电源条件不太好时，应在PLC的电源模块以及输入/输出模块的电源线上接入噪声滤波器和降低噪声用的变压器等。如有必要，也可在变频器一侧采取相应措施。

（5）当把PLC和变频器安装在同一个操作电气柜中时，应尽可能地使与PLC和变频器有关的电线分开，并通过使用屏蔽线和双绞线来提高抗噪声的水平。

二、三菱 FR – A700 系列变频器的操作

1. 运行步骤

变频器的运行需要设置频率与启动指令。将启动指令设为ON后，电动机便开始运转，同时根据频率指令（设定频率）的大小来决定电动机的转速。按如图5—1—15所示的流程进行操作。

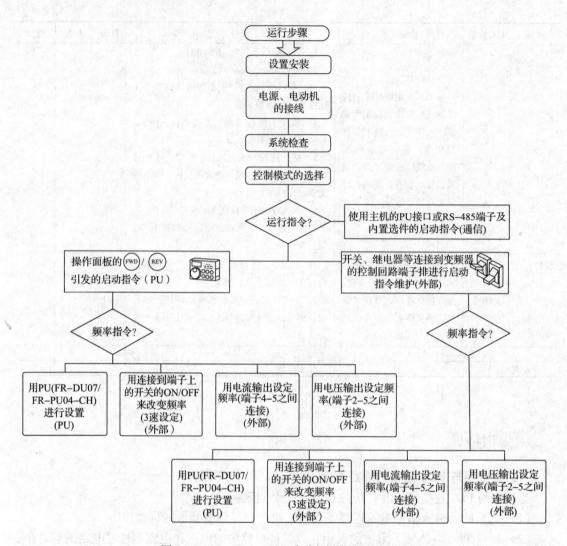

图 5—1—15　FR－A700 系列变频器设置流程图

提示

通电前必须检查下列项目：

（1）确认变频器正确地安装在适当的场所。

（2）接线是否正确。

（3）电动机是否为负载状态。

（4）电动机的额定频率在 50 Hz 以下的情况下，应设定 Pr. 3 的基准频率。

2. 基本操作

FR－A740 变频器的基本操作过程如图 5—1—16 所示。

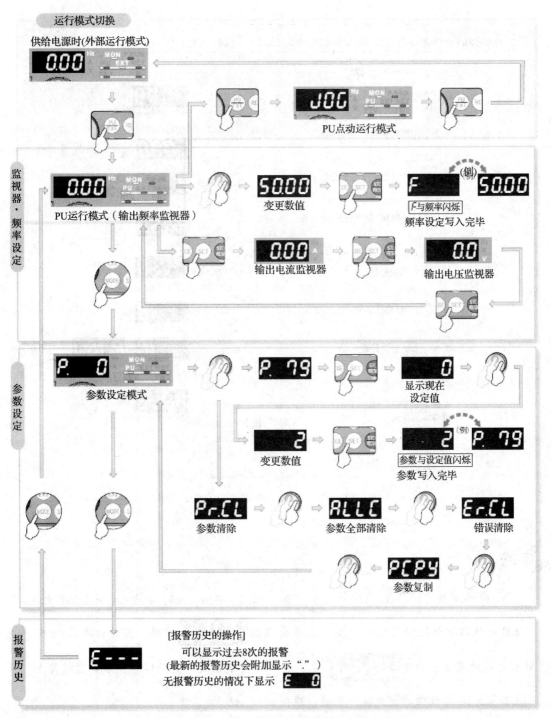

图 5—1—16 FR – A740 变频器的基本操作过程

（1）锁定操作

FR – A740 变频器的锁定操作，可以防止参数变更或防止意外启动或停止，使操作面板的 M 旋钮、键盘操作无效化，操作步骤如图 5—1—17 所示。

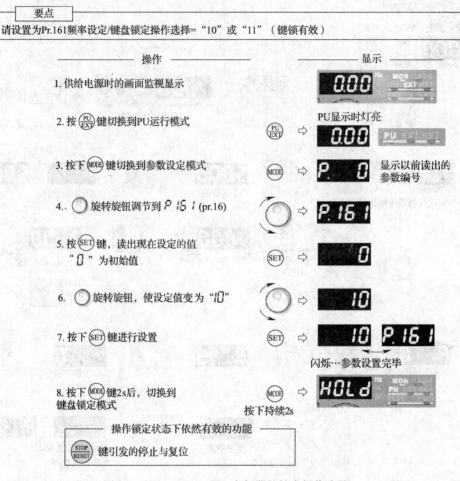

要点

请设置为Pr.161频率设定/键盘锁定操作选择="10"或"11"（键锁有效）

─────── 操作 ───────　　　　─────── 显示 ───────

1. 供给电源时的画面监视显示

2. 按 (PU/EXT) 键切换到PU运行模式　　PU显示时灯亮

3. 按下 (MODE) 键切换到参数设定模式　　显示以前读出的参数编号

4. 旋转旋钮调节到 P 161 (pr.16)

5. 按 (SET) 键，读出现在设定的值
　　"0"为初始值

6. 旋转旋钮，使设定值变为"10"

7. 按下 (SET) 键进行设置

　　　　闪烁…参数设置完毕

8. 按下 (MODE) 键2s后，切换到键盘锁定模式　　按下持续2s

操作锁定状态下依然有效的功能

(STOP/RESET) 键引发的停止与复位

图 5—1—17　　FR－A740 变频器的锁定操作步骤

 提示

①Pr. 161 设置为"10"或"11"，然后按住 (MODE) 键2s左右，此时M旋钮与键盘操作无效。

②M 旋钮与键盘操作无效化后操作面板会显示 **HOLd** 字样。另外，在此状态下操作 M 旋钮或键盘也会出现 **HOLd**。2s之内无M旋钮及键盘操作时显示到监视器上。

③如果想使 M 旋钮与键盘操作有效，应按住 (MODE) 键2s左右。

④操作锁定为解除时，无法通过按键操作来实现 PU 停止的解除。

（2）监视输出电流和输出电压操作

FR－A740 变频器的监视操作如图5—1—18 所示。

要点

在监视器模式中按 (SET) 键可以循环显示输出频率、输出电流、输出电压

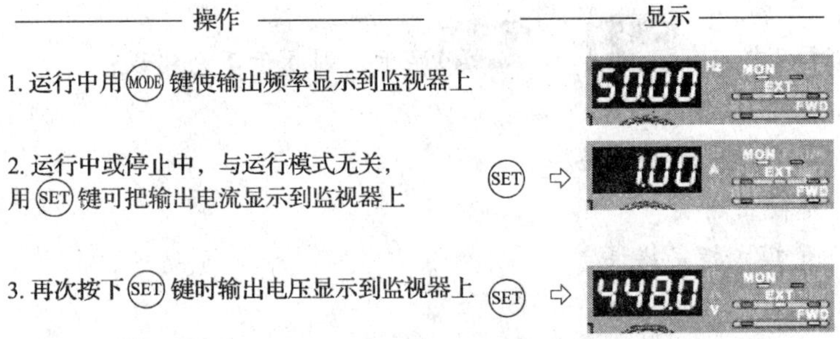

——— 操作 ———		——— 显示 ———
1. 运行中用 (MODE) 键使输出频率显示到监视器上		`50.00` Hz MON EXT FWD
2. 运行中或停止中，与运行模式无关，用 (SET) 键可把输出电流显示到监视器上	(SET) ⇨	`1.00` A MON EXT FWD
3. 再次按下 (SET) 键时输出电压显示到监视器上	(SET) ⇨	`448.0` V MON EXT FWD

图 5—1—18　FR – A740 变频器的监视操作

（3）第一优先监视操作

持续按下 SET 键（1 s），可设置监视器最先显示的内容（想恢复到输出频率监视器的情况下，先让频率显示到监视器上，然后持续按住 SET 键 1 s）。

（4）变更参数设定值的操作

变更参数设定值的操作如图 5—1—19 所示。本例以变更上限频率的操作为例。

变更例 Pr.1 变更上限频率

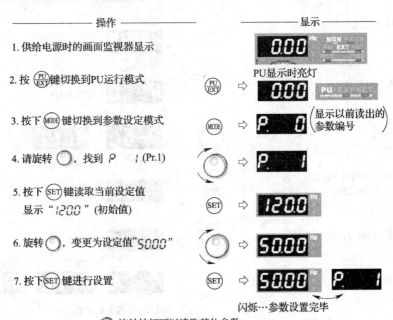

- ·　○ 旋转按钮可以读取其他参数
- · 按 (SET) 键再次显示设定值
- · 按 2 次 (SET) 键显示下一个参数
- · (MODE) 按下 2 次后，返回到频率监视器

图 5—1—19　变更上限频率的操作

提示

在操作过程中如有 **Er1** ~ **Er4** 显示，则表示下列错误：

显示 Er1 是禁止写入错误。

显示 Er2 是运行中写入错误。

显示 Er3 是校正错误。

显示 Er4 是模式指定错误。

（5）参数清除、全部清除的操作

通过设定 Pr. CL 参数清除，ALLC 参数全部清除"1"，参数将恢复为初始值（如果设定 Pr. 77 参数写入选择"1"，则无法清除）。参数清除和全部清除操作如图 5—1—20 所示。

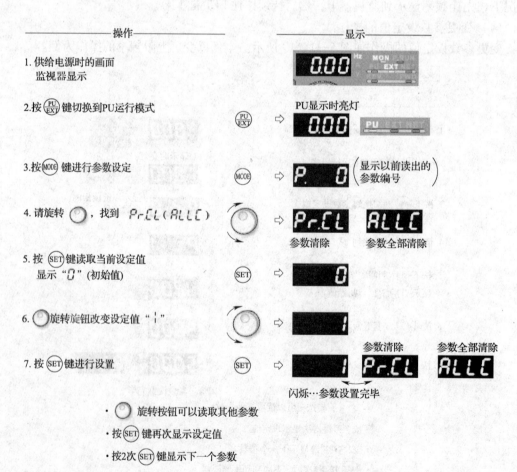

图 5—1—20　参数清除和全部清除操作

巩固与提高

一、填空题（请将正确的答案填在横线空白处）

1. PLC与变频器的连接有三种方式：一是利用PLC的_____输入/输出模块控制变频器；二是利用PLC_____输出模块控制变频器；三是利用PLC_____端口控制变频器。

2. 变频器从外部结构来看，有开启式和封闭式两种。_____式的散热性能好，但接线端子外露，适用在电气柜内部的安装；_____式的接线端子全部在内部，不打开盖子是看不见的。

3. 变频器在接线时，输入电源必须接到_____上，输出电源必须接到端子的_____上，若接错，会损坏变频器。

4. 为了防止触电、火灾等灾害和降低噪声，变频器必须连接_____端子。

5. 变频器配线完毕后，要再次检查接线是否正确，有无漏接现象，端子和导线间是否_____或接地。

6. 变频器通电后，需要改接线时，即使已经关断电源，也应等_____指示灯熄灭后，用万用表确认直流电压降到安全电压（DC25 V以下）后再操作。若还残留有电压就进行操作，会产生火花，这时应先_____后再进行操作。

二、选择题（将正确答案的序号填入括号内）

1. 变频器的频率设定方式不能采用（　　）。

A. 通过操作面板的加速/减速按键来直接输入变频器的运行频率

B. 通过外部信号输入端子来直接输入变频器的运行频率

C. 通过测速发电机的两个端子来直接输入变频器的运行频率

D. 通过通信接口来直接输入变频器的运行频率

2. 变频器上的R、S、T端子是（　　）。

A. 主电路电源端子　　　B. 变频器输出端子

C. 制动单元连接端子　　D. 直流电抗器连接端子

3. 三菱FR – A740变频器上的STR是（　　）端子。

A. 正转启动　　　　　B. 反转启动　　　　C. 启动自保持选择　　　D. 多段速选择

4. 三菱FR – A740变频器上的STF是（　　）端子。

A. 正转启动　　　　　B. 反转启动　　　　C. 启动自保持选择　　　D. 多段速选择

三、简答题

1. 变频器接线时应注意哪些问题？

2. 变频器与PLC连接使用时应注意哪些问题？

四、技能题

1. 题目：有一台升降机，用变频器控制，要求有正反转指示，正转运行频率为45 Hz，反转运行频率为25 Hz。用PLC与变频器联合控制，进行接线、设置有关参数、编写程序，并进行调试。

2. 考核要求

（1）电路设计

根据任务，设计变频器控制主电路电路图，列出 PLC 控制 I/O 口（输入/输出）元件地址分配表，根据加工工艺，设计梯形图及 PLC 控制变频器的接线图。

（2）安装与接线

1）将熔断器、接触器、继电器、PLC、变频器等装在一块配线板上，而将转换开关、按钮等装在另一块配线板上。

2）按 PLC 控制变频器的接线图在模拟配线板上正确安装，元件在配线板上布置要合理，安装要准确、紧固，配线导线要紧固、美观，导线要进走线槽，导线要有端子标号。

（3）PLC 键盘操作

熟练操作键盘，能正确地将所编程序输入 PLC；按照被控设备的动作要求进行模拟调试，达到设计要求。

（4）通电试验

正确使用电工工具及万用表，进行仔细检查，通电试验时注意人身和设备安全。

（5）考核时间分配

1）设计梯形图及 PLC 控制 I/O（输入/输出）口接线图及上机编程时间为 60 min。

2）安装接线时间为 60 min；

3）试机时间为 5 min。

（6）评分标准（参见表 5—1—13）

任务2　　PLC 控制变频器实现电动机多段速调速控制

学习目标

知识目标：

1. 熟悉变频器和 PLC 实现组合控制的形式。

2. 掌握实现多段速调速的方法。

3. 理解多段速度各参数的意义。

能力目标：

1. 能够正确设置用 PLC 控制变频器实现电动机多段速调速控制所需要的参数。

2. 能够根据控制要求，正确编程并进行安装及调试。

工作任务

变频器的多段速控制有着广泛的应用，如车床主轴变速、龙门刨床的主运行、高炉加料料斗的提升等。用PLC控制变频器的多段速运行，使用方便，运行可靠。本任务的主要内容是通过PLC、变频器控制系统实现对电动机多段速度控制，其具体情况如下。

现有某台生产机械由一台电动机进行拖动，在生产过程中根据生产工艺需要，要求电动机能实现7挡速度运行，1～7挡速度分别对应15 Hz、20 Hz、25 Hz、30 Hz、35 Hz、40 Hz、45 Hz的频率。其系统控制要求如下：

（1）由变频器多段速控制的电动机分别由5个按钮进行操作，其中SB1为停止按钮，SB2为正转按钮，SB3为反转按钮，SB4为升速按钮，SB5为降速按钮。运行的状态由指示灯HL1～HL9进行显示，其中HL1～HL7为速度显示，分别对应变频器15 Hz、20 Hz、25 Hz、30 Hz、35 Hz、40 Hz、45 Hz七个频率，即变频器运行在15 Hz时指示灯HL1亮，变频器运行在20 Hz时指示灯HL2亮，以此类推。指示灯HL8为电动机正转指示灯，HL9为电动机反转指示灯。

（2）正转多段速运行控制。按下SB2，指示灯HL8以1 Hz频率闪烁，表示变频器正转启动，但由于未给定频率，变频器无输出。此时按下SB4升速按钮，变频器输出15 Hz，指示灯HL8变为常亮，指示灯HL1亮进行速度指示，然后每按1次SB4升速按钮，变频器输出根据当前运行频率按15 Hz、20 Hz、25 Hz、30 Hz、35 Hz、40 Hz、45 Hz七个升速频率的顺序进行切换，当频率到达45 Hz时，按SB4升速按钮无效。降速时，每按1次SB5降速按钮，变频器输出根据当前运行频率按45 Hz、40 Hz、35 Hz、30 Hz、25 Hz、20 Hz、15 Hz七个降速频率的顺序进行切换，当频率到15 Hz时，按SB5降速按钮无效。运行时，指示灯HL1～HL7进行相应速度指示。

（3）反转多段速运行控制。按下SB3，指示灯HL9以1 Hz频率闪烁，表示变频器反转启动，但由于未给定频率，变频器无输出。此时按下SB4升速按钮，变频器输出15 Hz，指示灯HL9变为常亮，指示灯HL1亮进行速度指示，此时，升速、降速的控制要求与正转的升速、降速控制要求相同。

（4）停止操作。按下SB1，变频器实现停止运行，HL1～HL9指示灯灭。

 **任务准备**

表5—2—1 实训设备及工具、材料

序号	分类	名称	型号规格	数量	单位	备注
1	工具	电工常用工具		1	套	
2	仪表	万用表	MF－47型	1	块	
3		编程计算机		1	台	
4		接口单元		1	套	
5	设备器材	通信电缆		1	条	
6		可编程序控制器	FX2N－48MR	1	台	
7		变频器	FR－A740	1	台	

续表

序号	分类	名称	型号规格	数量	单位	备注
8	设备器材	安装配电盘	600 mm×900 mm	1	块	
9		导轨	C45	0.3	m	
10		空气断路器	Multi9 C65N D20	1	只	
11		熔断器	RT28 – 32	4	只	
12		按钮	LA4	5	只	
13		指示灯	DC24 V	9	只	
14		接线端子	D – 20	20	只	
15		三相异步电动机	自定	1	台	
16	消耗材料	铜塑线	BV1/1.37 mm²	10	m	主电路
17		铜塑线	BV1/1.13 mm²	15	m	控制电路
18		软线	BVR7/0.75 mm²	10	m	
19		紧固件	M4×20 mm 螺杆	若干	只	
20			M4×12 mm 螺杆	若干	只	
21			φ4 mm 平垫圈	若干	只	
22			φ4 弹簧垫圈及 M4 螺母	若干	只	
23		号码管		若干	m	
24		号码笔		1	支	

任务分析

PLC 控制变频器实现电动机多段速调速控制常用的方法是通过 PLC 来控制变频器的 RH、RM、RL 端子的组合切换。本任务是典型的七段速运行控制，要实现控制要求，首先必须熟悉变频器和 PLC 实现多段速控制端子的组合控制的形式，列出七段速与变频器输入端子状态关系表，再利用递增指令（INC）、递减指令（DEC）和触点比较指令进行控制程序的设计，然后进行电动机基本运行的参数设定和七段速运行参数的设定，最后按照控制要求进行调试运行。

相关知识

一、多段速相关知识

用变频器实现电动机的多段速控制，可通过开启、关闭外部触点信号（RH、RM、RL）实现。通过 RH、RM、RL 的开关信号组合，最多可选择七段速度。如果需要设置的速度超过七段，仅通过 RH、RM、RL 来组合是不能完成的，需使用 REX 信号。借助于点动频率（Pr. 15）、上限频率（Pr. 1）和下限频率（Pr. 2），最多可以设定 18 种速度。

多段速在外部操作模式（Pr. 79 = 2）或 PU/外部组合操作模式（Pr. 79 = 3、4）中有效。

1. 多段速参数

用参数将多种运行速度预先设定好，运行时通过控制开启、关闭外部触点信号（RH，RM，RL，REX 信号）选择各种速度。多段速参数见表 5—2—2。

表 5—2—2　　　　　　　　　　　　多段速参数表

参数号 Pr.	功能	出厂设定	设定范围	备注
1	上限频率	120 Hz	0 ~ 120 Hz	
2	下限频率	0 Hz	0 ~ 120 Hz	
15	点动频率	5 Hz	0 ~ 400 Hz	
4	多段速设定（高速）	60 Hz	0 ~ 400 Hz	
5	多段速设定（中速）	30 Hz	0 ~ 400 Hz	
6	多段速设定（低速）	10 Hz	0 ~ 400 Hz	
24 ~ 27	多段速设定（4 ~ 7 段速设定）	9999	0 ~ 400 Hz, 9999	9999：未选择
232 ~ 239	多段速设定（4 ~ 15 段速设定）	9999	0 ~ 400 Hz, 9999	9999：未选择

2. 两段速运行

有时候常用到两段速的情况，如电梯运行和检修时要用到两段速，工业洗衣机的脱水和洗衣机旋转也要用到两段速。两段速可以用基准速度（Pr. 1 = 50 Hz 上限速度）和 RH、RM 或 RL 任意触点组成两段速。

3. 多段速说明

（1）当多段速度信号接通时，其优先级别高于主速度。

（2）只有 3 段速度设定的场合，2 段设定以上同时被选择时，低速信号的设定频率优先，即以低速设定的信号频率运行。

（3）Pr. 24 ~ Pr. 27 和 Pr. 232 ~ Pr. 239 之间的设定没有优先级别。

（4）运行期间参数值可以改变。

（5）当 Pr. 180 ~ Pr. 186 改变端子分配时，其他功能可能受影响。设定前要检查相应的端子功能。关于 Pr. 180 ~ Pr. 186 的设置可参考表 5—2—3 和表 5—2—4。

表 5—2—3　　　　　　　　　　　　输入端子功能设定意义

参数号	端子符号	出厂设定	出厂设定端子功能	备注
Pr. 180	RL	0	低速运行指令	0 ~ 99 或 9999
Pr. 181	RM	1	中速运行指令	0 ~ 99 或 9999
Pr. 182	RH	2	高速运行指令	0 ~ 99 或 9999
Pr. 183	RT	3	第二功能选择	0 ~ 99 或 9999
Pr. 184	AU	4	电流输入选择	0 ~ 99 或 9999
Pr. 185	JOG	5	点动运行选择	0 ~ 99 或 9999
Pr. 186	CS	6	瞬间掉电自动再启动选择	0 ~ 99 或 9999

表 5—2—4　　　　　　　　　　　　　　输入端子功能选择设定

设定值	端子名称	功　能		相关参数号
0	RL	Pr. 59 = 0	低速运行指令	Pr. 4 ~ Pr. 6、Pr. 24 ~ Pr. 27、Pr. 232 ~ Pr. 239
		Pr. 59 = 1、2	遥控设定（设定清零）	Pr. 59
		Pr. 270 = 1、3	挡块定位选择 0	Pr. 270、Pr. 275、Pr. 276
1	RM	Pr. 59 = 0	中速运行指令	Pr. 4 ~ Pr. 6、Pr. 24 ~ Pr. 27、Pr. 232 ~ Pr. 239
		Pr. 59 = 1、2	遥控设定（减速）	Pr. 59
2	RH	Pr. 59 = 0	高速运行指令	Pr. 4 ~ Pr. 6、Pr. 24 ~ Pr. 27、Pr. 232 ~ Pr. 239
		Pr. 59 = 1、2	遥控设定（加速）	Pr. 59
3	RT	第 2 功能选择		Pr. 44 ~ Pr. 50
		Pr. 270 = 1、3	挡块定位选择 I	Pr. 270、Pr. 275、Pr. 276
4	AU	电流输入选择		
5	JOG	点动运行选择		Pr. 15、Pr. 16
6	CS	瞬间掉电自动再启动选择		Pr. 57、Pr. 58、Pr. 162 ~ Pr. 165
7	OH	外部热继电器输入，通过设置在外部的加热保护用过电流保护继电器或者电动机内置的温度继电器等的动作停止变频器工作		
8	REX	15 速选择（同 RH、RM、RL 的三速组合）		Pr. 4 ~ Pr. 6、Pr. 24 ~ Pr. 27、Pr. 232 ~ Pr. 239

提示

　　从表 5—2—3 和表 5—2—4 中可看出，用 RH、RM 和 RL 信号的组合可以选择多段速度控制，其相关参数有 Pr. 59、Pr. 4 ~ Pr. 6、Pr. 24 ~ Pr. 27、Pr. 232 ~ Pr. 239 等。

二、多段速设定运行（Pr. 4 ~ Pr. 6、Pr. 24 ~ Pr. 27、Pr. 232 ~ Pr. 239）

多段速设定运行参数见表5—2—5。

表5—2—5　　　　　　　　　　　多段速设定运行参数表

参数号	名称	初始值	设定范围	内容
Pr. 4	多段速设定（高速）	50 Hz	0 ~ 400 Hz	设定仅 RH 为 ON 的频率
Pr. 5	多段速设定（中速）	30 Hz	0 ~ 400 Hz	设定仅 RM 为 ON 的频率
Pr. 6	多段速设定（低速）	10 Hz	0 ~ 400 Hz	设定仅 RL 为 ON 的频率
Pr. 24	多段速设定（速度4）	9999	0 ~ 400 Hz, 9999	通过 RH、RM、RL 和 REX 信号的组合可以进行速度 4 ~ 速度 15 的频率设定 9999：未选择
Pr. 25	多段速设定（速度5）	9999	0 ~ 400 Hz, 9999	
Pr. 26	多段速设定（速度6）	9999	0 ~ 400 Hz, 9999	
Pr. 27	多段速设定（速度7）	9999	0 ~ 400 Hz, 9999	
Pr. 232	多段速设定（速度8）	9999	0 ~ 400 Hz, 9999	
Pr. 233	多段速设定（速度9）	9999	0 ~ 400 Hz, 9999	
Pr. 234	多段速设定（速度10）	9999	0 ~ 400 Hz, 9999	
Pr. 235	多段速设定（速度11）	9999	0 ~ 400 Hz, 9999	
Pr. 236	多段速设定（速度12）	9999	0 ~ 400 Hz, 9999	
Pr. 237	多段速设定（速度13）	9999	0 ~ 400 Hz, 9999	
Pr. 238	多段速设定（速度14）	9999	0 ~ 400 Hz, 9999	
Pr. 239	多段速设定（速度15）	9999	0 ~ 400 Hz, 9999	

1. 三段速设定（Pr. 4 ~ Pr. 6）

RH 信号 ON 时按 Pr. 4 中设定的频率运行，RM 信号 ON 时按 Pr. 5 中设定的频率运行，RL 信号 ON 时按 Pr. 6 中设定的频率运行。

提示

①初始设定情况下，同时选择两段速以上时则按照低速信号侧的设定频率。例如 RL、RM 信号均为 ON 时按 Pr. 6 中设定的频率运行。

②在初始设定下，RH、RM、RL 信号被分配在端子 RH、RM、RL 上，通过在 Pr. 178 ~ Pr. 189（输入端子功能分配）上设定"0（RL）""1（RM）""2（RH）"，也可将 RH、RM、RL 信号分配到其他端子上。

2. 四段速以上的多段速设定（Pr. 24 ~ Pr. 27，Pr. 232 ~ Pr. 239）

通过 RH、RM、RL、REX 信号的组合可以进行速度 4 ~ 15 段速度的设定，且在

Pr. 24 ~ Pr. 27，Pr. 232 ~ Pr. 239 设定运行频率（初始值的状态为不可以使用 4 速 ~ 15 速设定）。REX 信号输入所使用的端子应在 Pr. 178 ~ Pr. 189（输入端子功能选择）设定为"8"，进行端子功能的分配。如果设定 Pr. 232 多段速设定（8 速）= "9999"时，将 RH、RM、RL 置于 OFF 且 REX 置于 ON 时，将按照 Pr. 6 的频率动作，图 5—2—1 所示为多段速运行曲线中的"＊1"。

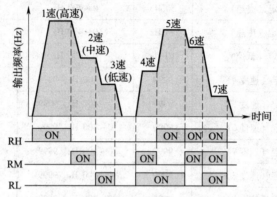

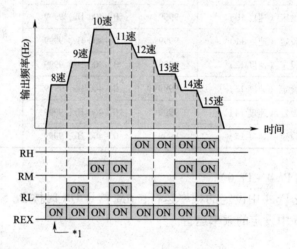

图 5—2—1　多段速度运行曲线

3. 多段速正转运行接线图

多段速正转运行的接线图如图 5—2—2 所示。

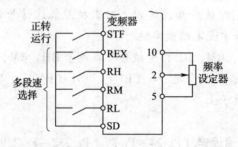

图 5—2—2　多段速正转运行接线图

想一想

多段速反转运行的接线图与正转运行接线图有何区别？

三、七段速运行控制参数设定

七段速运行曲线如图5—2—3所示，运行频率在图中已经注明。

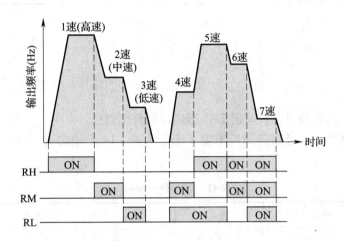

图5—2—3　七段速度运行曲线

1. 基本运行参数设定

需要设定的基本运行参数见表5—2—6。

表5—2—6　　　　　　　　　　基本运行参数

参 数 名 称	参 数 号	设 定 值
提升转矩	Pr. 0	5%
上限频率	Pr. 1	50 Hz
下限频率	Pr. 2	3 Hz
基底频率	Pr. 3	50 Hz
加速时间	Pr. 7	4 s
减速时间	Pr. 8	3 s
电子过流保护	Pr. 9	3 A（由电动机功率确定）
加减速基准频率	Pr. 20	50 Hz
操作模式	Pr. 79	3

2. 七段速运行参数设定

根据图 5—2—4 中所示的运行曲线，可确定七段速运行的参数见表 5—2—7。

表 5—2—7　　　　　　　　　　　　　　七段速运行参数

控制端子	RH	RM	RL	RM、RL	RH、RL	RH、RM	RL、RH、RM
参数号	Pr. 4	Pr. 5	Pr. 6	Pr. 24	Pr. 25	Pr. 26	Pr. 27
设定值（Hz）	15	20	25	30	35	40	45

任务实施

一、分配输入点和输出点，写出 I/O 通道地址分配表

根据任务控制要求，可确定 PLC 需要 5 个输入点，14 个输出点，其 I/O 通道地址分配表见表 5—2—8。

表 5—2—8　　　　　　　　　　　　　I/O 通道地址分配表

输　　入			输　　出		
元件代号	作用	输入继电器	元件代号	作用	输出继电器
SB1	停止	X000	STF	变频器正转	Y000
SB2	正转	X001	STR	变频器反转	Y001
SB3	反转	X002	RH	变频器（高速）	Y002
SB4	升速	X003	RM	变频器（中速）	Y003
SB5	降速	X004	RL	变频器（低速）	Y004
			HL1	1 挡速度指示灯	Y010
			HL2	2 挡速度指示灯	Y011
			HL3	3 挡速度指示灯	Y012
			HL4	4 挡速度指示灯	Y013
			HL5	5 挡速度指示灯	Y014
			HL6	6 挡速度指示灯	Y015
			HL7	7 挡速度指示灯	Y016
			HL8	正转指示灯	Y017
			HL9	反转指示灯	Y020

二、画出 PLC 控制变频器接线图

PLC 控制变频器接线图如图 5—2—4 所示。

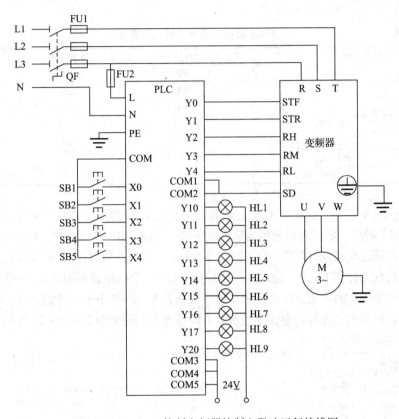

图 5—2—4　PLC 控制变频器控制七段速运行接线图

三、程序设计

根据控制要求可知，本任务是七段速正、反转控制，其控制程序的设计主要包括以下几方面。

1. 正、反转控制程序的设计

根据控制要求，先设计出本任务的电动机正、反转控制梯形图如图 5—2—5 所示。

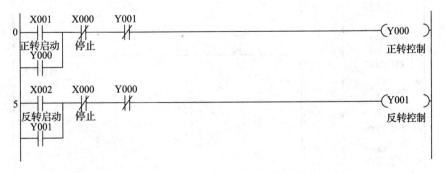

图 5—2—5　正、反转控制梯形图

2. 升降速控制程序的设计

在进行升降速控制程序设计前，必须先列出运转速度段对应触点关系表（见表 5—2—9），然后根据控制要求进行程序设计。

表 5—2—9 　　　　　　　　　　七段速运转速度段对应触点关系表

速度段	变频器输入端子（ON）	PLC 输出继电器 Y（ON）	频率（Hz）	参数号
速度 1	RH	Y2	15	Pr. 4
速度 2	RM	Y3	20	Pr. 5
速度 3	RL	Y4	25	Pr. 6
速度 4	RM、RL	Y3、Y4	30	Pr. 24
速度 5	RH、RL	Y2、Y4	35	Pr. 25
速度 6	RH、RM	Y2、Y3	40	Pr. 26
速度 7	RH、RM、RL	Y2、Y3、Y4	45	Pr. 27

根据表 5—2—9 可知，电动机七段速度的实现是由 PLC 的 Y2、Y3、Y4 进行控制，通过 Y2、Y3、Y4 的 7 种通、断组合对变频器输入端子 RH、RM、RL 进行控制，根据升降速的控制要求，本任务利用递增指令（INC）和递减指令（DEC）进行加减计数，把加减计数后的结果作为速度的挡位数储存到 D0 中，通过触点比较指令把 D0 中挡位数据限制在 0 ~ 7 挡之间，停止时利用传送指令（MOV）把 D0 设置为 0 挡。根据表 5—2—9 中 1 ~ 7 挡速度段 Y2、Y3、Y4 的通、断情况，利用触点比较指令实现控制。升降速控制的梯形图如图 5—2—6 所示。

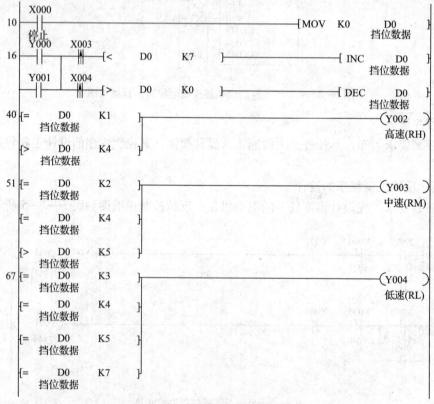

图 5—2—6 升降速控制的梯形图

3. 指示灯程序的设计

Y17、Y20分别为正转、反转指示灯，正转或反转启动后，速度为0挡时由1 s时钟脉冲M8013来控制指示灯闪烁，当速度为1~7挡时利用触点比较指令短接M8013实现转向指示灯常亮。指示灯HL1~HL7的动作由挡位数据存储器D0通过触点比较指令来驱动。例如，当变频器运行在2挡速度时，挡位数据存储器D0的内容为"2"，只有触点比较指令

$$\vdash = \quad \underset{\text{挡位数据}}{D0} \quad K2 \quad \dashv$$

闭合，Y011闭合，2挡速度指示灯HL2亮。指示灯控制的梯形图如图5—2—7所示。

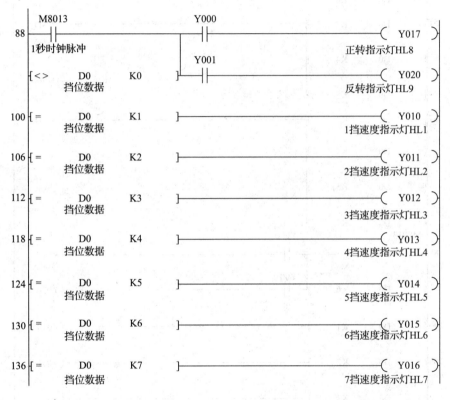

图5—2—7 指示灯梯形图

4. 本任务完整的梯形图

综合上述设计，可设计出本任务完整的梯形图，如图5—2—8所示。

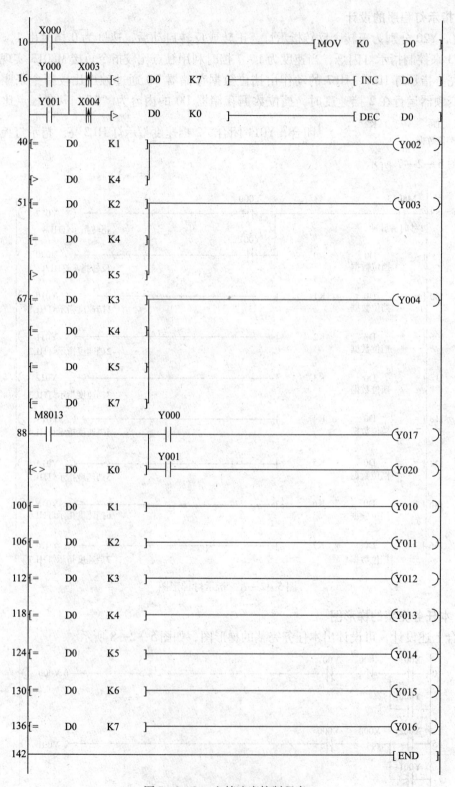

图 5—2—8　七挡速度控制程序

四、程序输入

启动 MELSOFT 系列 GX Developer 编程软件，先创建新文件名，并命名为"PLC 控制变频器实现电动机多段速调速控制"，运用前面课题所学的梯形图输入法，输入图 5—2—8 所示的梯形图。

五、线路安装与调试

1. 配线板安装

根据如图 5—2—4 所示的 PLC 控制变频器接线图，按照以下安装电路的要求在模拟实物控制配线板上进行元件及线路安装。

（1）检查元器件

根据表 5—2—1 配齐元器件，检查元器件的规格是否符合要求，并用万用表检测元器件是否完好。

（2）固定元器件

固定好本任务所需元器件。

（3）配线安装

根据配线原则和工艺要求，进行配线安装。

（4）自检

对照接线图检查接线是否无误，再使用万用表检测电路的阻值是否与设计相符。

2. 变频器的参数设置

合上断路器 QF，按照表 5—2—10 的内容进行变频器的参数设置，具体操作方法及步骤可参见上一任务中介绍的有关参数设置方法，在此不再赘述。

表 5—2—10　　　　　　　　　　　　变频器参数设置表

参数号	参 数 名 称	参数值
Pr. 4	多段速设定（高速）	15
Pr. 5	多段速设定（中速）	20
Pr. 6	多段速设定（低速）	25
Pr. 24	多段速设定（4 速）	30
Pr. 25	多段速设定（5 速）	35
Pr. 26	多段速设定（6 速）	40
Pr. 27	多段速设定（7 速）	45
Pr. 79	运行模式选择	2

3. 程序下载

（1）PLC 与计算机连接

使用专用通信电缆 RS-232/RS-422 转换器将 PLC 的编程接口与计算机的 COM1 串口连接。

（2）程序写入

首先接通系统电源，将 PLC 的 RUN/STOP 开关拨到 "STOP" 的位置，然后通过 MEL-SOFT 系列 GX Developer 软件中的 "PLC" 菜单的 "在线" 栏的 "PLC 写入"，就可以把仿真成功的程序写入 PLC 中。

4. 通电调试

（1）经自检无误后，在指导教师的指导下，方可通电调试。

（2）先接通系统电源开关 QF，将 PLC 的 RUN/STOP 开关拨到 "RUN" 的位置，然后通过计算机上的 MELSOFT 系列 GX Developer 软件中的 "监控/测试" 监视程序的运行情况，再按照表 5—2—11 进行操作，观察系统运行情况并做好记录。如出现故障，应立即切断电源，分析原因、检查电路或梯形图，排除故障后，方可进行重新调试，直到系统功能调试成功为止。

表 5—2—11　　　　　　　　　　　程序调试步骤及运行情况记录表

操作步骤	操作内容	观察内容	观察结果	思考内容
第一步	按下 SB2			
第二步	按下 SB4			
第三步	第 2 次按下 SB4			
第四步	第 3 次按下 SB4			
第五步	第 4 次按下 SB4			
第六步	第 5 次按下 SB4			
第七步	第 6 次按下 SB4			
第八步	第 7 次按下 SB4			
第九步	第 8 次按下 SB4			
第十步	按下 SB5	电动机运行和变频器显示屏及指示灯 HL1～HL9 的情况		理解 PLC 的工作过程
第十一步	第 2 次按下 SB5			
第十二步	第 3 次按下 SB5			
第十三步	第 4 次按下 SB5			
第十四步	第 5 次按下 SB5			
第十五步	第 6 次按下 SB5			
第十六步	第 7 次按下 SB5			
第十七步	第 8 次按下 SB5			
第十八步	按下 SB1			
第十九步	先按下 SB3，然后依次按下 SB4 八次，再依次按下 SB5 八次			

任务测评

对本任务实施的完成情况进行检查，并将结果填入任务测评表（参见表5—1—12）中。

四段速自动变速运行控制的设计

现有某台生产机械由一台电动机进行拖动，在生产过程中根据生产工艺需要，要求电动机能实现四段速的自动变速运行，运行频率分别为30 Hz、40 Hz、45 Hz、50 Hz。其具体任务控制要求如下：

（1）按下启动按钮，变频器输出按正转30 Hz运行3.5 s，正转45 Hz运行3 s，然后反转40 Hz运行3.5 s，反转50 Hz运行4.5 s为一个工作循环，不断循环工作，按停止按钮时，变频器完成一个工作循环后停止。按急停按钮时，变频器立即停止运行。

（2）指示灯HL为系统工作指示灯，设备未启动时HL熄灭；按下启动按钮使设备启动后，指示灯HL常亮；按下停止按钮，设备未运行完本次循环时，HL以1 Hz的频率闪烁，待本次循环运行结束后，HL指示灯熄灭。

一、分配输入点和输出点，写出I/O通道地址分配表

根据任务控制要求，可确定PLC需要3个输入点，6个输出点，其I/O通道地址分配表见表5—2—12。

表5—2—12　　　　　　　　　　I/O通道地址分配表

输入			输出		
元件代号	作用	输入继电器	元件代号	作用	输出继电器
SB1	紧急停止	X000	STF	变频器正转	Y000
SB2	停止	X001	STR	变频器反转	Y001
SB3	启动	X002	RH	变频器（高速）	Y002
			RM	变频器（中速）	Y003
			RL	变频器（低速）	Y004
			HL	工作指示灯	Y010

二、画出PLC控制变频器接线图

PLC控制变频器接线图如图5—2—9所示。

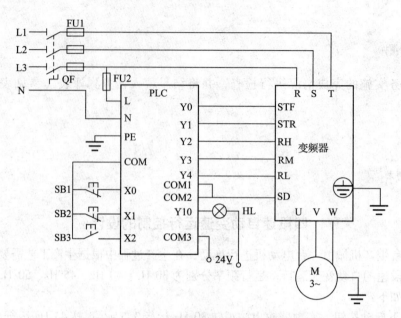

图 5—2—9   PLC 的变频器自动变速运行接线图

三、程序设计

在进行 4 段速控制程序的设计前，首先必须列出运转速度段对应触点关系表（见表 5—2—13），然后再根据控制要求利用触点比较指令设计梯形图标程序，如图 5—2—10 所示。

表 5—2—13　　　　　　　　　4 段速自动变速运行控制对应触点关系表

运行段	变频器输入端子（ON）	PLC 输出继电器	频率（Hz）	参数号
正转 30 Hz	STF、RH	Y0、Y2	30	Pr. 4
正转 45 Hz	STF、RM	Y0、Y3	45	Pr. 5
反转 40 Hz	STF、RL	Y1、Y4	40	Pr. 6
反转 50 Hz	STF 、RH、RL	Y0、Y3、Y4	50	Pr. 24

四、变频器参数设置

实施本任务变频器所需设置的参数见表 5—2—14。

表 5—2—14　　　　　　　　　　　变频器参数设置表

参数号	参 数 名 称	参数值
Pr. 4	多段速设定（高速）	30
Pr. 5	多段速设定（中速）	40
Pr. 6	多段速设定（低速）	45
Pr. 24	多段速设定（4 速）	50
Pr. 79	运行模式选择	2

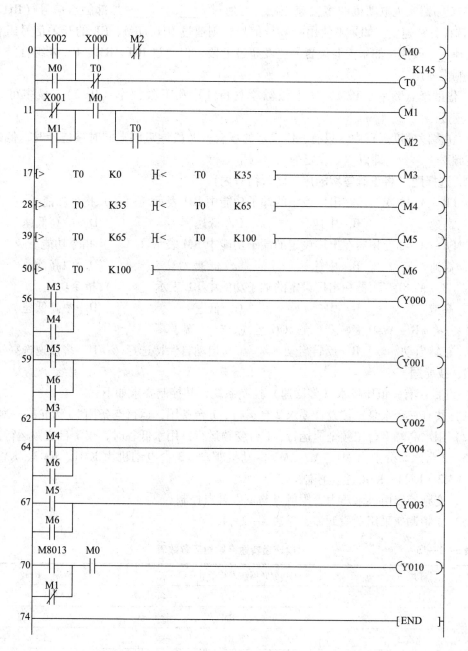

图 5—2—10 四段速自动变速运行控制梯形图

 巩固与提高

一、填空题（请将正确的答案填在横线空白处）

1. FR - A740 变频器在出厂设定的端子功能中 RH 表示_____指令功能，RM 表示_____指令功能，RL 表示_____指令功能。

2. 变频器实现电动机的多段速控制，可通过＿＿＿、＿＿＿＿外部触点信号（RH、RM、RL），选择各种速度。如果不使用＿＿＿＿＿信号，则通过 RH、RM、RL 的开关信号组合，最多可选择＿＿＿段速。如果需要设置的速度超过七段，仅通过 RH、RM、RL 来组合是不能完成的，则需使用＿＿＿＿＿信号。

3. 借助于点频率（Pr. 15）、上限频率（Pr. 1）和下限频率（Pr. 2），最多可以设定＿＿＿种速度。

4. 在多段速度运行中，只有三段设定的场合，两段设定以上同时被选择时，低速信号的设定频率＿＿＿＿＿，即以＿＿＿设定的信号频率运行。

二、选择题（将正确答案的序号填入括号内）

1. FR－A740 变频器在出厂设定的端子功能中 RH 表示（　　）指令功能。
A. 高速　　　　　　B. 中速　　　　　　C. 低速　　　　　　　　D. 中高低速

2. FR－A740 变频器在出厂设定的端子功能中 RM 表示（　　）指令功能。
A. 高速　　　　　　B. 中速　　　　　　C. 低速　　　　　　　　D. 中高低速

3. FR－A740 变频器在出厂设定的端子功能中 RL 表示（　　）指令功能。
A. 高速　　　　　　B. 中速　　　　　　C. 低速　　　　　　　　D. 中高低速

4. 三菱 FR－A740 变频器上的 JOG 是（　　）端子。
A. 正转启动　　　　B. 反转启动　　　　C. 启动自保持选择　　　D. 多段速选择

四、技能题

1. 题目：有一恒压供水（多段速）控制系统，其控制要求如下：

（1）共有三台水泵，按设计要求 2 台运行，1 台备用，运行与备用 10 天轮换一次。

（2）用水高峰 1 台工频全速运行，1 台变频运行；用水低谷时，仅 1 台变频运行。

（3）3 台水泵分别由 M1、M2、M3 电动机驱动，3 台电动机由 KM1、KM3、KM5 变频控制；KM2、KM4、KM6 全速控制。

（4）变频控制由供水压力上限触点与下限触点控制。

（5）变频调速采用七段调速，见表 5—2—15。

表 5—2—15　　　　　　　　　七段速运转速度段对应参数表

速度段	变频器输入端子（ON）	频率（Hz）
速度 1	RH	15
速度 2	RM	20
速度 3	RL	25
速度 4	RM、RL	30
速度 5	RH、RL	35
速度 6	RH、RM	40
速度 7	RH、RM、RL	45

（6）水泵投入运行时，电动机的过载由热继电器保护，并有报警信号指示。

（7）变频器的其余参数自行设定。

（8）试验时，KM1、KM3、KM5 可接变频器及电动机并联，KM2、KM4、KM6 不接，用指示灯代替。

用 PLC 与变频器联合控制，进行接线、设置有关参数、编写程序，并进行调试。

2. 考核要求

（1）电路设计

根据任务，设计变频器控制主电路电路图，列出 PLC 控制 I/O（输入/输出）口元件地址分配表，根据加工工艺，设计梯形图及 PLC 控制变频器的接线图。

（2）安装与接线

1）将熔断器、接触器、继电器、PLC、变频器等装在一块配线板上，而将转换开关、按钮等装在另一块配线板上。

2）按 PLC 控制变频器的接线图在模拟配线板上正确安装，元件在配线板上布置要合理，安装要准确、紧固，配线导线要紧固、美观，导线要进走线槽，导线要有端子标号。

（3）PLC 键盘操作

熟练操作键盘，能正确地将所编程序输入 PLC；按照被控设备的动作要求进行模拟调试，达到设计要求。

（4）通电试验

正确使用电工工具及万用表，进行仔细检查，通电试验时注意人身和设备安全。

（5）考核时间分配

1）设计梯形图及 PLC 控制 I/O（输入/输出）口接线图及上机编程时间为 90 min。

2）安装接线时间为 60 min。

3）试机时间为 5 min。

（6）评分标准（参见表 5—1—13）

任务3　　PLC/触摸屏控制电动机 Y—△降压启动

 学习目标

知识目标：

1. 了解触摸屏的组成、分类及工作原理。

2. 掌握触摸屏硬件的操作方法。

3. 掌握 GT Designer2 触摸屏软件的安装方法。

能力目标：

1. 能够利用 GT Designer2 触摸屏软件制作工程画面。

2. 能够根据控制要求，完成 Y—△降压启动的 PLC、触摸屏控制系统的工程设计、安装及调试。

工作任务

　　触摸屏全称为触摸式图形显示终端，是一种人机交互装置。它作为一种最新的计算机输入设备，是目前最简单、方便、自然的人机交互方式。触摸屏面积小、使用直观方便，而且具有坚固耐用、响应速度快、节省空间、易于交流等优点。利用这种技术，用户只要用手指轻轻地触摸显示屏上的图符或文字就能实现对主机的操作，从而使人机交互更为直截了当。图 5—3—1 所示是 PLC/触摸屏控制 Y—△降压启动模拟仿真画面。

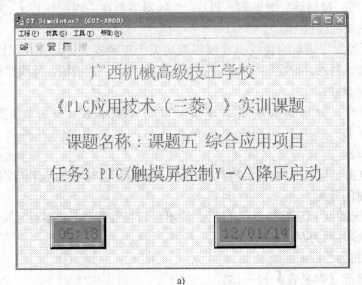

a)

b)

图 5—3—1　PLC/触摸屏控制 Y—△降压启动模拟仿真画面

a）首页画面　b）操作页画面

本任务的主要内容是创建如图5—3—1所示的画面，并下载至触摸屏中，要求能实现如下操作：

1. 在图5—3—1a所示的首页画面中能显示当天的日期和时间；单击首页画面的任意位置，画面会切换到图5—3—1b所示的操作页画面。

2. 在操作页画面上分别设置有启动按钮、停止按钮、延时时间设置图标和电源指示控制、Y形启动和△形运行等监控指示灯；还设置有条形图和面板仪表作为降压启动的过程监视；另外还有返回首页画面的图标按钮。

3. 当单击操作页画面中的启动按钮时，电动机按照延时时间设置图标栏里显示的时间星形启动，此时画面中的电源指示灯和Y形指示灯亮，同时条形图框内会出现由左往右移动的红色液位移动过程，面板仪表盘的红色指针也顺时针偏转作为启动过程的监视。

4. 当电动机降压启动过程到所设置的延时时间后，Y形指示灯熄灭，△形指示灯亮，同时条形图框被红色液体填满，面板仪表盘的红色指针停止偏转，此时电动机处于三角形运行状态。

5. 单击停止按钮，电源指示灯和△形指示灯熄灭，条形图框的红色液体显示退去，面板仪表盘的红色指针返回"0"位，表明此时电动机处于停止状态。

6. 单击操作页画面中的延时时间设置图标栏，可以随时进行延时启动时间的设置，单击画面中的"返回"按钮，能返回首页画面。

任务准备

表5—3—1 实训设备及工具、材料

序号	分类	名称	型号规格	数量	单位	备注
1	工具	电工常用工具		1	套	
2	仪表	万用表	MF－47型	1	块	
3	设备器材	编程计算机		1	台	
4		接口单元		1	套	
5		通信电缆		1	条	
6		可编程序控制器	FX2N－48MR	1	台	
7		触摸屏	F940－SWD－35G或自定	1	台	
8		编程软件包	GT Designer2	1	个	
9		安装配电盘	600 mm×900 mm	1	块	
10		导轨	C45	0.3	m	
11		空气断路器	Multi9 C65N D20	1	只	
12		熔断器	RT28－32	3	只	
13		接触器	CJ10－10或CJT1－10	3	只	
14		接线端子	D－20	20	只	
15		三相异步电动机	自定	1	台	

续表

序号	分类	名称	型号规格	数量	单位	备注
16		铜塑线	BV1/1.37 mm²	10	m	主电路
17		铜塑线	BV1/1.13 mm²	15	m	控制电路
18		软线	BVR7/0.75 mm²	10	m	
19	消耗 材料	紧固件	M4×20 mm 螺杆	若干	只	
20			M4×12 mm 螺杆	若干	只	
21			φ4 mm 平垫圈	若干	只	
22			φ4 mm 弹簧垫圈及 M4 螺母	若干	只	
23		号码管		若干	m	
24		号码笔		1	支	

任务分析

本任务是 PLC/触摸屏控制系统的基本应用，在实施本任务前首先应了解三菱触摸屏硬件的操作方法和 GT Designer2 中文编程软件及 GT Simulator 2 仿真软件的安装和使用。通过熟悉触摸屏硬件和编程软件及仿真软件的主要功能，掌握触摸屏画面制作的方法及 PLC/触摸屏控制系统的设计安装与调试，为后续的编程学习奠定基础。

相关知识

一、人机界面

人机界面（human machine interface，HMI）又称人机接口。从广义上说，HMI 泛指计算机（包括 PLC）与现场操作人员交换信息的设备。在控制领域，HMI 一般特指用于操作人员与控制系统之间进行对话和相互作用的专用设备。

人机界面 HMI 一般分为文本显示器、操作面板、触摸屏三大类。其中文本显示器是一种廉价的操作员面板，只能显示几行数字、字母、符号和文字。操作面板的直观性差、面积大，因而在市场上应用不广。触摸屏是人机界面的发展方向，它一般通过串行接口与个人计算机、PLC 以及其他外部设备连接通信、传输数据信息，由专用软件完成画面制作和传输，实现其作为图形操作和显示终端的功能。在控制系统中，触摸屏常作为 PLC 输入和输出设备，通过使用相关软件设计适合用户要求的控制画面，实现对控制对象的操作和显示。

二、触摸屏的工作原理与种类

1. 触摸屏的工作原理

用户用手指或其他物体触摸安装在显示器上的触摸屏时，被触摸位置的坐标由触摸屏控制器检测，并通过通信接口（如 RS – 232C 或 RS – 485 串行口）将触摸信号传送到 PLC，从而得到输入的信息。

触摸屏系统一般包括两个部分：触摸检测装置和触摸屏控制器。触摸检测装置安装在显示器的显示表面，用于检测用户的触摸位置，再将该处的信息传送给触摸屏控制器；触摸屏控制器的主要作用是接收来自触摸检测装置的触摸信息，并将它转换成触点坐标，判断出触摸的含义后送给 PLC。同时，它还能接收 PLC 发来的命令并加以执行，如动态地显示开关量和模拟量。

2．触摸屏的分类

按照触摸屏的工作原理和传输信息的介质，一般把触摸屏分为 4 种，分别为电阻式、电容感应式、红外线式及表面声波式触摸屏。每一类触摸屏都有其各自的优缺点。

（1）电阻式触摸屏

电阻式触摸屏的主要部分是一块与显示器表面配合得很好的 4 层透明复合薄膜，最下层是玻璃或有机玻璃构成的基层，最上面是外表面经过硬化处理、光滑防刮的塑料层。中间是两层透明的金属氧化物（氧化铟 ITO 膜）导电层，它们之间有许多细小的透明绝缘的隔离点。当手指触摸屏幕时，在触摸点处接触触摸屏的两个金属导电层是工作面，在每个工作面的两端各涂有一条银胶，作为该工作面的一对电极，分别在两个工作面的竖直方向和水平方向上施加直流电压，在工作面上就会形成均匀连续平行分布的电场。

1）电阻式触摸屏的工作原理。当手指触摸屏幕时，平常相互绝缘的两层绝缘导电层在触摸点处接触，使得侦测层的电压由零变为非零，这种状态被控制器侦测到后，进行 A/D 转换，并将得到的电压值与 5 V 比较，就能计算出触摸点的 Y 轴坐标，同理可以得出 X 轴坐标。电阻式触摸屏的工作原理如图 5—3—2 所示。

2）电阻式触摸屏的使用场合。电阻式触摸屏是一种对外界完全隔离的工作环境，不怕灰尘和水汽，它可以用任何物体来触摸，可以用来写字和画画，比较适合工业控制领域及办公室内有限人的使用。

3）电阻触摸屏的类型。电阻触摸屏根据引出线数的多少，可分为四线、五线、六线等电阻式触摸屏。

（2）表面声波式触摸屏

表面声波是超声波的一种，是在介质（如玻璃）表面进行浅层传播的机械能量波。表面声波性能稳定，易于分析，并且在横波传递过程中具有非常尖锐的频率特性。

表面声波式触摸屏的触摸屏部分可以是一块平面、球面或是柱面的玻璃平板，安装在 CRT（阴极射线管）、LED（发光二极管）、LCD（液晶显示屏）或是等离子显示器屏幕的前面。这块玻璃平板只是一块纯粹的强化玻璃，没有任何贴膜和覆盖层；玻璃屏的左上角和右下角各固定了竖直和水平方向的超声波发射换能器，右上角则固定了两个相应的超声波接收换能器，玻璃屏的四边刻有由疏到密间隔非常精密的 45°角反射条纹，在没有触摸时，接收信号的波形与参照波形完全一样。当手指触摸屏幕时，手指吸收了一部分声波能量，控制器侦测到接收信号在某一时刻上的衰减，由此可以计算出触摸点的位置，如图 5—3—3 所示。

1）表面声波式触摸屏的工作原理。发射换能器把控制器通过触摸屏电缆送来的电信号转化为声波能向左方表面传递，然后由玻璃板下边的一组精密反射条纹把声波能量反射成向上的均匀传递。声波能量经过屏体表面，再由上边的反射条纹聚成向右的线传播给 X 轴的接收换能器，接收换能器将返回的表面声波能量变成电信号。

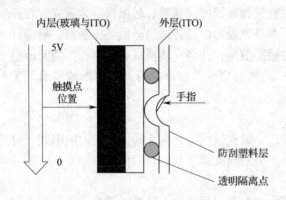

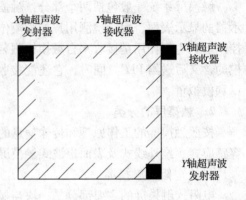

图5—3—2　电阻式触摸屏的工作原理　　　　　图5—3—3　表面声波式触摸屏

2）表面声波式触摸屏的特点

①除了一般触摸屏都能响应的 X、Y 坐标外，表面声波触摸屏的突出特点是它能感知第三轴（Z 轴）的坐标，用户触摸屏幕的力量越大，接收信号波形的衰减缺口也就越宽越深，可以由接收信号衰减处的误差量计算出用户触摸压力的大小。

②表面声波式触摸屏非常稳定，不受温度、湿度等环境因素影响，使用寿命长（可触摸约 5 000 万次），透光率和清晰度高，没有彩色失真和漂移，安装后无须再进行校准，有极好的防刮性，能承受各种粗暴的触摸，最适合公共场所使用。

③表面声波式触摸屏直接采用直角坐标系，数据转换无失真，精度极高，可达 4 096 × 4 096像素。但受其工作原理的限制，表面声波式触摸屏的表面必须保持清洁，使用时会受尘埃和油污的影响，需要定期进行清洁维护工作。

（3）红外线式触摸屏

红外线式触摸屏在显示器的前面安装一个外框，藏在外框中的电路板在屏幕四边排布红外线发射管和红外线接收管，形成横竖交叉的红外线矩阵。用户在触摸屏幕时，手指会挡住经过该位置的横竖两条红外线，因而可以判断出触摸点在屏幕的位置，如图 5—3—4 所示。

红外线式触摸屏的特点是不受电流、电压和静电的影响，适宜在恶劣的环境条件下工作；但是它分辨率较低，且易受外界光线变化的影响。

（4）电容感应式触摸屏

电容感应式触摸屏是一块 4 层复合玻璃屏，用真空金属镀膜技术在玻璃屏的内表面和夹层各镀有一层 ITO 膜，玻璃四周再镀上银质电极，最外层是只有 0.001 5 mm 厚的玻璃保护层，夹层的 ITO 涂层作为工作面，4 个角引出 4 个电极，内层 ITO 为屏蔽层，以保证良好的工作环境。

1）电容式触摸屏的工作原理。在玻璃的四周加上电压，经过均匀分布的电极传播，使玻璃表面形成一个均匀电场，当用户触摸电容感应式触摸屏时，由于人是一个大的带电体，手指和工作面形成一个耦合电容，因为工作面上接有高频信号，手指只吸收很小的一部分电流。电流分别从触摸屏 4 个角的电极流出，流经这 4 个电极的电流与手指到 4 个角的距离成比例，控制器通过对这 4 个电流比例的精密计算得出触摸点的位置。图 5—3—5 所示是电容感应式触摸屏的工作原理示意图。

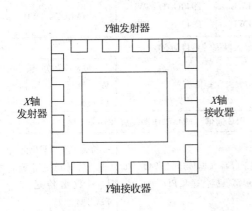

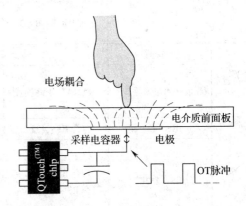

图 5—3—4　红外线式触摸屏示意图　　　　图 5—3—5　电容感应式触摸屏工作原理示意图

2）电容式触摸屏的特点。电容感应式触摸屏的透光率和清晰度优于四线电阻式触摸屏，但是比表面声波式触摸屏和五线电阻式触摸屏差。电容感应式触摸屏的四层复合触摸屏对各波长光的透光率不均匀，存在色彩失真的问题，由于光线在各层间的反射，使图像、字符模糊。

三、触摸屏硬件使用操作

目前市场触摸屏的种类较多，如三菱公司生产的 GOT 系列、松下公司生产的 GT 系列、OMRON 公司生产的 NT 系列等。它们的原理和使用方法大同小异，在此仅介绍三菱公司生产的 GOT 系列触摸屏。

1. 三菱触摸屏性能规格

现在市场上，三菱图示操作终端有很多种型号，如 GOT800、GOT900、GOT1000 等系列；还有显示模块，如 FX1N‑5DM、FX‑10DM‑E 等。其中以 GOT1000 系列功能最强大。表 5—3—2 和表 5—3—3 分别列出了 GOT900 和 GOT1000 系列部分显示规格的主要特征。

表 5—3—2　　　　　　　　　三菱 GOT900 系列触摸屏部分显示规格

项目		规　格			
		F930GOT‑BWD	F940GOT‑LWD F943GOT‑LWD	F940GOT‑SWD F943GOT‑SWD	F940WGOT‑TWD
显示元件	LED 类型	STN 型全点阵 LCD			TFT 型全点阵 LCD
	点距（水平×垂直）（mm×mm）	0.47×0.47	0.36×0.36		0.324×0.375
	显示颜色	单色（蓝/白）	单色（黑/白）	8 色	256 色
	屏幕	240×80 点，液晶有效显示尺寸：117 mm × 42 mm（4in 型）	"320×240 点"液晶有效显示尺寸：115 mm×86 mm（6in 型）		480×234 点，液晶有效显示尺寸：155.5 mm×87.8 mm（7in 型）

续表

项目		规　格			
		F930GOT – BWD	F940GOT – LWD F943GOT – LWD	F940GOT – SWD F943GOT – SWD	F940WGOT – TWD
键	所有键数	每屏最大触摸键数目为 50			
	配置（水平×垂直）	"15×4" 矩阵配置	"20×12" 矩阵配置		"30×12" 矩阵配置（最后一列包括 14 点）
接口	RS – 422	符合 RS – 422 标准，单通道，用于 PLC 通信（F943GOT 型没有 RS – 422 接口）			
	RS – 232C	符合 RS – 232C 标准，单通道，用于屏幕数据传送（F940GOT 符合 RS – 232C 标准，双通道，用于屏幕数据传送和 PLC 通信）			符合 RS – 232C 标准，双通道，用于屏幕数据传送和 PLC 通信
屏幕数量		用户创建屏幕：最多 500 个屏幕（屏幕编号：No. 0 ~ No. 499）系统屏幕：30 个屏幕（屏幕编号：No. 1001 ~ No. 1030）			
用户存储器容量		256 KB	512 KB		1 MB
电源规格		DC24 V、410 mA			

表5—3—3　　　　　　　　　三菱 GOT1000 系列触摸屏显示部分规格

项　目		GT1155 – QSBD – C	GT1155 – QBBD	GT1175 – VNBA	GT115 – QSBD
显示部分	种类	STN 彩色 LCD	STN 单色 LCD	TFT 彩色 LCD	
	画面尺寸（in）	5.7	8.4	10.4	5.7
	分辨率（点）	320×240		640×480	
	显示尺寸，宽×高（mm×mm）	115×86		171×128	241×158
	显示字符数	16 点标准字体时：20 字×15 行（全角）		16 点标准字体时：40 字×30 行（全角）	
		12 点标准字体时：26 字×20 行（全角）		12 点标准字体时：53 字×40 行（全角）	
	显示颜色	256 色	单色（白/蓝）	256 色	256 色
	寿命（h）	50 000	41 000	50 000	
背景灯	寿命（h）	75 000	54 000	40 000	
触摸屏	触摸键数	360 个/1 画面	1 200 个/1 画面	300 个/1 画面	

2. 画面功能操作

触摸屏与 FX 系列或 A 系列 PLC 的程序连接器连接，可以一边观看画面对 PLC 的各软元件的监视以及数据的变化，一边进行显示。显示画面分为用户制作画面和 GOT 预置画面。预置画面有多种功能，现对用户制作画面与 GOT 预置画面（系统画面）功能叙述如下：

（1）用户制作画面功能

用户制作画面具有以下几种功能，当使用画面保护功能时，可限制所显示的画面。

1）画面显示功能。最多可显示 500 个用户制作画面，可同时显示数个画面，也可以进行自由切换。除可显示英文、数字、日文片假名、汉字等文字外，还能显示直线、圆、四边形等简单的图形，F940GOT‐SWD 可用 8 种颜色的彩色画面进行显示。

2）监视功能。可用数值或条形图监视显示 PLC 的字元件的设定值或现在值。通过 PLC 的位元件的 ON/OFF 更换指定范围的画面显示颜色。

3）数据变更功能。可变更正在监视的数值或条形图的数据。

4）开关功能。可通过 GOT 的操作键来 ON/OFF PLC 的位元件。可在画面板上设置触摸键，行使开关功能。

（2）系统画面

1）监视功能。可监视清单程序（仅 FX 系列具有），可在命令清单程序方式下进行程序的读出、写入、监视，设有缓冲存储器（仅 FX2N，FX2NC 系列具有），可读出、写入、监视特殊块的缓冲存储器（BFM）的内容；也可进行软元件监视，可监视、变更 PLC 的各软元件的 ON/OFF 状态，定时器、计数器及数据寄存器的设定值或现在值。

2）数据采样功能。在特定周期或当触动条件成立时，采集指定的数据寄存器的现在值，用清单形式或图表形式显示采样数据，按清单形式用打印机打印采样数据。

3）报警功能。可使最多 256 点的 PLC 的连续位元件与报警信息相对应。位元件 ON 后，在用户画面上，与对应的信息重合、显示。此外，位元件 ON 后，也可显示指定的用户操作画面。位元件 ON 后，用户制作画面上显示与软元件相对应的信息，还可以一览显示。可保存最多 1 000 个报警次数，还可以通过画面制作软件打印。

4）其他功能。内存实际定时器可设定、显示时间，可调节画面的对比度和蜂鸣器音量。

（3）状态功能

将前面说明的各种功能分为 6 个状态。操作者可通过选择状态来使用这些功能，见表 5—3—4。

表 5—3—4　　　　　　　　　　　　状态功能表

状态	功能	功 能 概 要
画面状态	显示用户制作的画面	文字显示：英文、数字、日文片假名、汉字等文字及数字；显示语言有日语、英语、韩语、汉语（简化字）
		绘图：直线、圆、四边形等图形
		监视功能：用数值/条形图/折线图/仪表形式显示 PLC 的字元件（T，C，D，V，Z）的设定值或现在值 可通过位元件（X，Y，M，S，T，C）的 ON/OFF 颠倒指定范围的画面显示色
		数据变更功能：可用数值/条形图/折线图/仪表形式显示 PLC 的字元件（T、C、D、V、Z）的设定值或现在值
		开关功能：用瞬间控制、间歇控制设置/复位形式控制位元件（X，Y，M，S，T，C）的 ON/OFF
		画面切换：显示画面切换，用 PLC 或触摸键指定切换
		接收功能：向 PLC 传送保存在 GOT 中的文件
		安全功能：只显示与密码一致的画面（系统画面也可）

续表

状态	功能	功　能　概　要
HPP（手持式编程器）状态	程序（清单）	可用命令程序（清单）的形式读出/写入/监视程序（FX 系列有效）
	参数	可读出/写入程序、存储器锁定范围等参数（FX 系列有效）
	BFM 监视	可对 FX2N、FX2NC 系列特殊块的缓冲存储器（BFM）进行监视，也可变更其设定值（FX2N、FX2NC 系列有效）
	软元件监视	可用元素序号或注释来监视位元件的 ON/OFF 及字元件的现在值和设定值
	变更现在值/设定值	可用元素序号或注释来变更字元件的现在值及设定值
	强制 ON/OFF	可强制 ON/OFF 位元件（X，Y，M，S，T，C）
	状态监视	自动显示、监视处于 ON 动作状态（S）序号（与 MELSEC FX 系列连接时有效）
	PLC 诊断	读出并显示 PLC 的错误信息
采样状态	条件设定	设定所采样的软元件（最多4点）及采样的开始/终止时间等条件
	结果显示	用清单或图表形式显示采样结果
	数据清除	清除采样数据
报警状态	状态显示	按顺序一览显示报警信息
	记录	按顺序将报警信息与时间存储到记录中
	总计	存储每个报警信息的发生次数
	记录清除	清除报警记录
检测状态	画面清单	按序号显示用户制作画面
	数据文件	变更接收功能中使用的数据
	调试动作	可确认是否正确完成了用户制作画面显示时的键操作和画面切换
其他状态	时间开关	使指定位元件在指定时间置 ON
	个人计算机传送	可在 GOT 与画面制作软件之间传送画面数据、采样结果和报警记录
	打印机输出	用打印机打印采样结果、报警记录
	关键字	可登录用于保护 PLC 程序的关键字
		可进行系统语言、连接 PLC、连续传送、标题画面、菜单画面呼出、现在时间、背景灯熄灯时间设定、蜂鸣器音量调整、液晶对比度调整、画面数据清除等初期设定

3. GOT 操作键的基本操作

GOT 操作键的通用基本操作如图 5—3—6 所示，图中各操作键功能说明如下：

①功能显示。显示所选择的状态与功能。

②终止。终止正在显示的功能，返回到前一个画面。

③CLR（清除）。清除输入的英文字母或数值。

④ENT（执行）。执行英文字母或数值的输入设定。

⑤▼、▲（增减）。

⑥－（负号）。

⑦"0~9"键。进行数字输入。

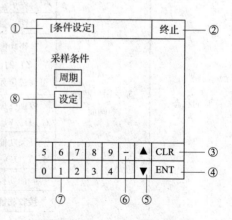

图 5—3—6　GOT 的操作键

⑧"设定"键。输入英文字母、数字时，若按设定键则显示键盘，再按执行键或清除键，键盘便消失。

（1）启动顺序

GOT从接通电源到状态选择之间的启动和使用GOT时的重要环境设定如下：

1）进行GOT的电源部分的配线。

2）用选择产品中的连接电缆来连接GOT与PLC。

3）接通GOT电源。按GOT的画面左上角（触摸键）1 s以上，接通电源，便显示出工作环境设定画面。

4）在动作环境设定的"标题画面"中，显示所设定的时间、型号等标题画面。

5）在动作环境设定画面中，选择使用状态及连接的PLC型号等。也可在"其他状态下"进行工作环境的设定。

6）显示用户画面。这时若没有用户制作画面，则显示下一个状态选择画面。

7）显示模式选择画面。画面变为触摸键，按住各状态名便可选择。

提示

按住动作环境设定的"菜单画面呼出"所设定的画面四角，便可呼出这个模式选择的画面。若动作环境设定的"菜单画面呼出"中没有设定菜单呼出键，将转向画面状态（用户制作画面）。

GOT从接通电源到状态选择间的启动流程及说明如图5—3—7所示。

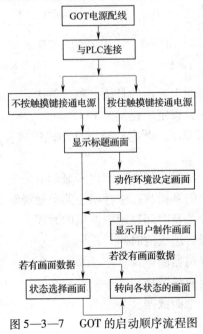

图5—3—7　GOT的启动顺序流程图

（2）动作环境的设定

动作环境设定是为了启动 GOT 而进行的重要的初期设定功能。可按照前述的启动方法，按住左上角接通电源，或者从主菜单的"其他状态"中选择，从而显示动作环境设定画面。但是若用安全（画面保护）功能登录了关键字，但与密码不一致，就不能进行动作环境设定，设定步骤如图 5—3—8 所示。

各模式的选择操作：设定了"动作环境设定"的"菜单呼出画面"后，触按指定的触摸键，便会显示"模式选择菜单画面"。

状态画面主菜单还有画面状态、HPP 状态、采样状态、报警状态、检测状态和其他状态。

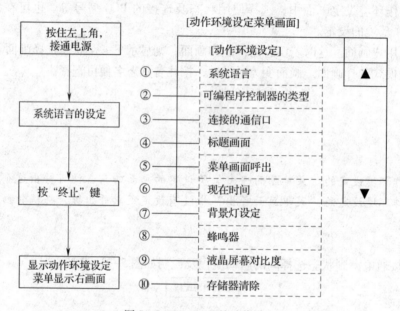

图 5—3—8　GOT 的动作设定

注：图中各标号的解释如下：

①系统语言：设定系统画面上显示的日语、英语等语言。

②可编程序控制器的类型：设定所连接的 PLC 类型。

③连接的通信口（RS－232C）：设定是否将打印机连接在 GOT 上，还是与计算机主板进行通信。

④标题画面：设定接通电源后，标题画面内所显示的时间。

⑤菜单画面呼出：从设定的画面状态中呼出主菜单触摸键的位置。

⑥选择时间：设定时间开关及时间显示中使用的时间。

⑦背景灯设定：设定背景灯熄灭的时间。

⑧蜂鸣器：设定按键时蜂鸣器的声音。

⑨液晶屏幕对比度：设定液晶屏幕亮度。

⑩存储器清除：清除用户画面数据。

（3）安全功能

安全功能即画面保护功能，不允许一般操作者随意显示用户制作画面，只有知道密码的人才能使其显示。

1）安全功能概要。如果要使用安全功能，首先在各用户画面上登录密码，密码有 0（低）~15（高）级；若不登录，则视为 0，即可任意显示所有画面。密码的设定在画面制作软件中进行，密码可设定为任何一个不超过 8 位的数字。

2）密码的输入。输入密码时必须显示密码输入画面，若想显示这个密码输入画面，则有必要在画面上设置一个触摸键。若设定这个触摸键，向键码中输入"FF68"。按触摸键即显示密码输入画面。若显示级别较高的画面，错误音（单音三声）将鸣叫。设置上述触摸键，输入密码。

3）密码解除。若想解除密码（返回 0 级），则应在画面上设置"解除密码"触摸键，并向键码中输入"FF69"。

4. 状态模式操作

（1）画面状态

画面状态是用来显示用户画面制作软件所制作的画面的状态，也可以显示报警信息。1个画面可按文件、直线、矩形、圆等功能分类的内容进行组合后显示，当有数个画面时，可用 GOT 的操作键和 PLC 对画面进行切换后显示（画面切换条件及切换后显示哪个画面，可由用户自由设定）。一个画面可显示的内容如图 5—3—9 所示（显示例只使用了一部分功能）。

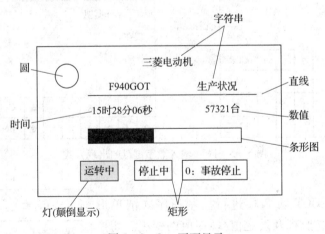

图 5—3—9　画面显示

图 5—3—9 所示显示的功能大致可分为 4 类，各类功能作用如图 5—3—10 所示。一部分数据显示功能可以在画面上变更字元件（T、C、D、Z、V）的设定值或现在值。

（2）变更所显示的数据

在用户制作画面的显示内容中，字元件的设定值或现在值的数据可通过键盘操作来变更。数据变更须注意：触摸显示画面上的数值或文字码，通过（触摸键）操作便可进行。输入数字有显示键盘或呼出键盘两种方法，如图 5—3—11 所示。

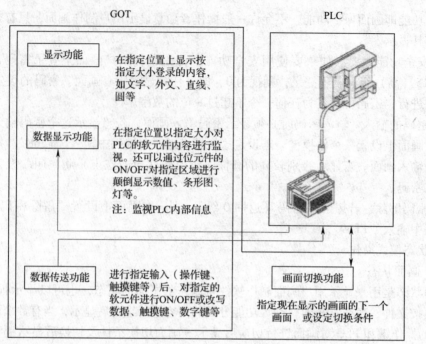

图 5—3—10　画面功能示例

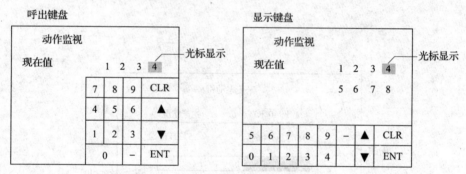

图 5—3—11　输入数字键盘的出现方式

（3）HPP 状态

HPP 可对连接 GOT 的 PLC 进行控制程序（清单形式）的编辑、软元件监视及设定值/现在值的变更。切换到 HPP 状态的操作功能如图 5—3—12 所示。

注：图中各标号的解释如下，下述功能（不包括③）只有与 PLC 连接上才有效。

①程序清单：用命令清单形式编辑控制程序。

②参数：编辑 PLC 内的参数。

③软元件监视：对 PLC 的任何一个软元件进行 ON/OFF 设定值/现在值的监视。也可强行 ON/OFF 或变更设定值/现在值。

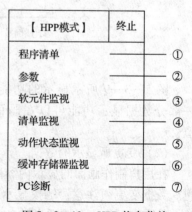

图 5—3—12　HPP 状态菜单

④清单监视：显示控制程序，并显示各命令的 ON/OFF 状态（不能显示字元件的现在值）。

⑤动作状态监视：显示 FX PLC 状态（S）中的 ON 状态序号。

⑥缓冲存储器监视：可显示或变更连接与 FX 或 FX PLC 的特殊模块的缓冲存储器（BMF）的内容。

⑦PC 诊断：显示 FX PLC 的错误信息。

1）基本操作。"主菜单画面显示"→"HPP 状态"（选择画面上的"HPP 状态"）→显示 HPP 状态画面。

2）程序清单。与 FX 系列 PLC 连接时，可通过命令程序（清单）形式进行读出、写入、插入、删除等编辑，与三菱 FX – 10P 型手持编程器功能相同。

关于触摸屏上的操作，读者可以参考 F900GOT 系列操作手册，在此不再赘述。

四、触摸屏软件的使用

GT Designer2 是三菱电机公司所开发设计的，用于图形终端显示屏幕制作的 Windows 系统平台软件，支持三菱全系列图形终端。

该软件功能完善，图形、对象工具丰富，窗口界面直观形象，操作简单易用，可以方便地改变所接 PLC 的类型，实时读取、写入显示器屏幕，还可以设置保护密码。

1. GT Designer2 软件操作界面

图 5—3—13 所示为 GT Designer2 软件操作界面，主要由项目标题栏（状态栏）、下拉菜单（主菜单栏）、工具栏、工程制作界面、工程管理列表等部分组成。

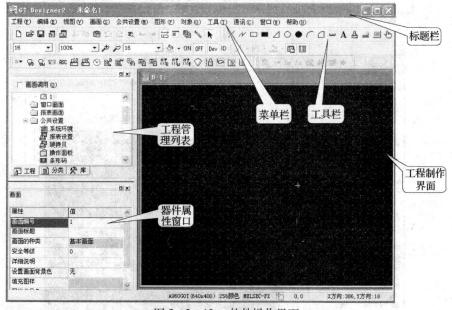

图 5—3—13　软件操作界面

（1）标题栏

显示屏幕的标题。将光标移动到标题栏，可以将屏幕拖到希望的位置。

（2）菜单栏

显示在 GT Designer 2 上可使用的功能名称。单击菜单栏就会有下拉菜单出现。然后从下拉菜单中选取所要执行的功能。

（3）下拉菜单

显示在 GT Designer 2 上可使用的功能名称。如果在下拉菜单的右边显示"▶"，光标放在上面就会显示该功能的下拉菜单。如果在功能名称上显示"…"，将光标移到该功能并单击，将出现对话框，如图 5—3—14 所示。

a)

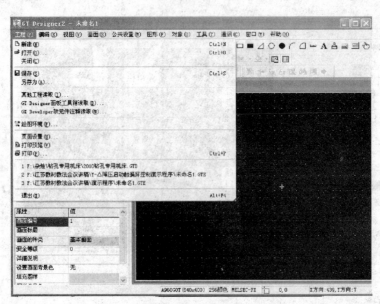

b)

图 5—3—14　下拉菜单

（4）工程管理列表

显示画面的各种信息，进行编辑画面切换，方便实现各种功能。

（5）工具栏

工具栏包括标准、显示、对象、通信等。各工具栏的启用既可从菜单栏中的视图的下拉菜单中调用，也可从工具栏中直接单击。工具栏各按钮功能如图5—3—15所示。

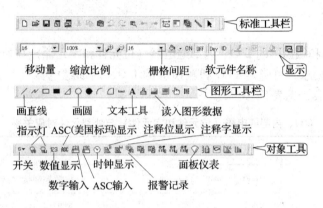

图5—3—15　工具栏各按钮功能

2. GT Designer2 软件安装

（1）打开"GT SORTWARE CHINESE"安装文件夹，找到并打开"Env MEL"文件夹，双击其中的"SETUP. exe"文件图标进行软件的使用环境的安装，若此前已安装过GX Developer2编程软件，则可省略此步。

（2）在安装文件夹中双击 ![GTWK2-C1]图标，出现如图5—3—16所示的安装界面，单击光盘图标中的![GT Designer 2安装]图标，按照向导提示完成画面工程制作软件的安装。在安装过程中需要按提示输入产品序列号。

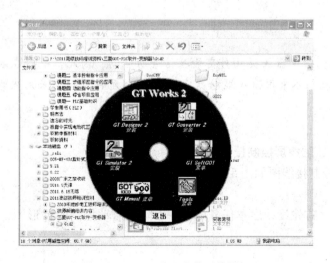

图5—3—16　进入安装环境界面

（3）返回图 5—3—16 的安装界面时单击光盘图标中的  图标，按照向导提示完成画面工程仿真软件的安装。同样，在安装过程中需输入产品序列号。

任务实施

一、列出 PLC 和触摸屏的 I/O、内部继电器（位元件和字元件）与外部元件对应关系表

根据任务控制要求，可确定 PLC 和触摸屏的 I/O、内部继电器（位元件和字元件）与外部元件对应关系表，见表 5—3—5。

表 5—3—5　　　　I/O、内部继电器（位元件和字元件）与外部元件对应关系

继电器	元件代号	作　用
输出继电器	Y000	电源控制接触器 KM1
	Y001	星形启动接触器 KM2
	Y002	三角形运行接触器 KM3
内部继电器	M0	触摸屏启动触摸键
	M1	触摸屏停止触摸键
	D200	触摸屏字串指示：延时时间设置
	T0	触摸屏启动过程指示

提示

由于 PLC 的输入继电器 X 是由外部输入信号所驱动，因此，一般在触摸屏控制 PLC 的系统中，触摸屏的按钮不采用输入继电器 X 作为控制元件，而是采用内部辅助继电器来驱动。

二、画出 PLC、触摸屏控制接线图

PLC、触摸屏控制接线图如图 5—3—17 所示。

三、程序设计

根据控制要求，首先设计出本任务的 Y—△降压启动控制的梯形图，如图 5—3—18 所示。

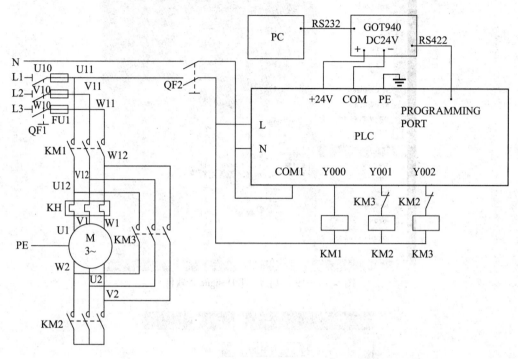

图 5—3—17 PLC、触摸屏控制 Y–△降压启动控制接线图

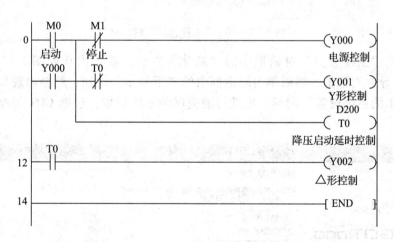

图 5—3—18 Y—△降压启动控制的梯形图

四、触摸屏画面的设计

1. 触摸屏工程的创建

（1）用单击桌面的"开始/程序"，选择"MELSOFT 应用程序→GT Designer2"选项，启动 GT Designer2 软件，如图 5—3—19 所示。然后用单击 [GID] GT Designer2 选项，就会出现如图 5—3—20 所示的"工程选择"对话框。

图 5—3—19　启动 GT Designer2 软件

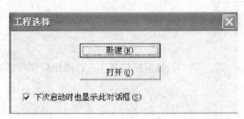

图 5—3—20　"工程选择"对话框

（2）单击"工程选择"对话框中的"新建"按钮，就会出现如图 5—3—21 所示的"新建工程向导"对话框，然后单击对话框中的"下一步"按钮，就会出现如图 5—3—22 所示的"GOT 的系统设置"向导，可进行触摸屏的系统设置，包括 GOT 类型和颜色的设置。

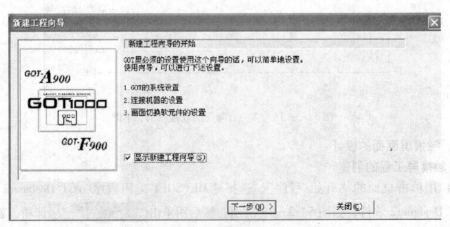

图 5—3—21　"新建工程向导"对话框

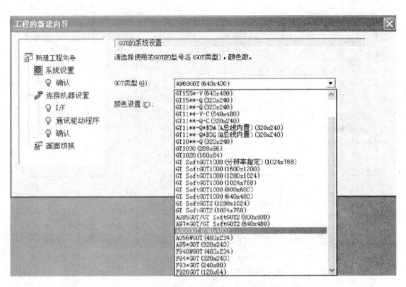

图 5—3—22 "GOT 的系统设置"向导

 提示

GOT 类型选择的是 "A960GOT（640×400）"。在此不能选择 F940WGOT 等 F 系列类型，因为 GT Simulator 2 仿真软件不支持该类型的 GOT。

（3）触摸屏的系统设置完成后，单击"下一步"按钮，出现如图 5—3—23 所示的"GOT 的系统设置确认"向导，并进行确认。

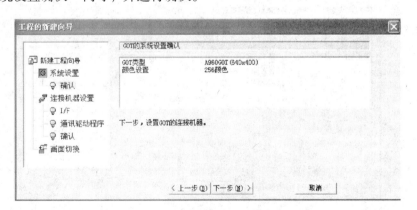

图 5—3—23 "GOT 的系统设置确认"向导

（4）在触摸屏系统确认设置完成后，单击"下一步"按钮，将出现如图 5—3—24 所示的"连接机器设置"向导；然后选择与触摸屏所连接的设备，再单击"下一步"按钮，会出现如图 5—3—25 所示的"画面切换软元件设置"向导；再次单击"下一步"按钮，会出现如图 5—3—26 所示的"系统环境设置的确认"向导。

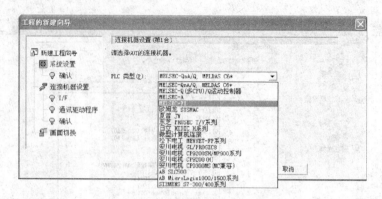

图 5—3—24　"连接机器设置"向导

图 5—3—25　"画面切换软元件设置"向导

图 5—3—26　"系统环境的设置确认"向导

提示

在选择连接机器的 PLC 类型时一定要选择正确，否则在画面创作时，软元件就不可能识别，在这里应选择"MELSEC—FX"。

（5）单击图 5—3—26 所示"系统环境设置的确认"向导中的"结束"按钮，会弹出如图 5—3—27 所示的"画面的属性"对话框，在该对话框中的 标题(M) 选项栏中输入"首页"画面名称，然后在 ☑ 指定背景色(U) 中，分别对 填充图样(F)、图样前景色(F) 和 图样背景色(B) 项进行选择。单击"确定"按钮，会出现如图 5—3—28 所示的软件开发界面。值得一提的是，如不对 ☑ 指定背景色(U) 进行选项，则被默认为黑色。

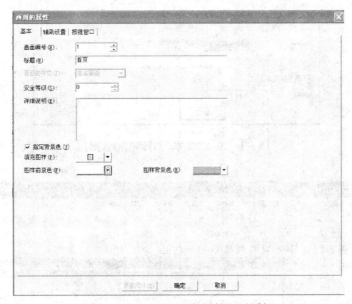

图 5—3—27 "画面的属性"对话框

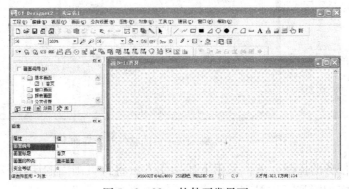

图 5—3—28 软件开发界面

2. 首页画面的制作

直接单击软件开发界面中工具栏上的"**A**"图标，弹出如图 5—3—29 所示的"文本"对话框，在"文本"框内输入文字"广西机械高级技工学校"，并对文本类型、文本颜色及文本尺寸进行设置。可单击"确定"按钮进行确认，在软件开发界面中会出现所输入的文字，如图 5—3—30 所示。

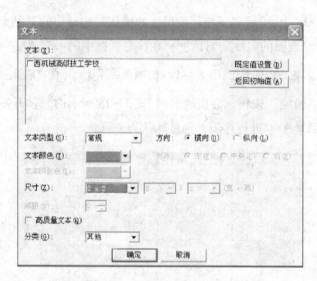

图 5—3—29 "文本"对话框输入画面

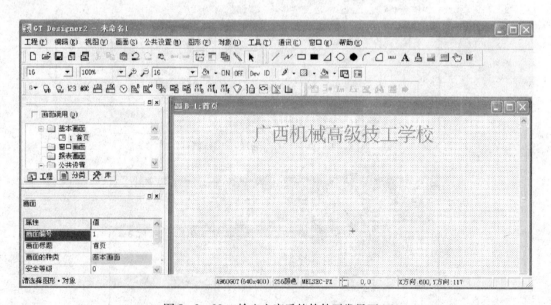

图 5—3—30 输入文字后的软件开发界面 1

然后，根据任务的控制要求，采用上述操作方法将首页画面的课题名称的文字输入完毕，确认后的界面如图 5—3—31 所示。

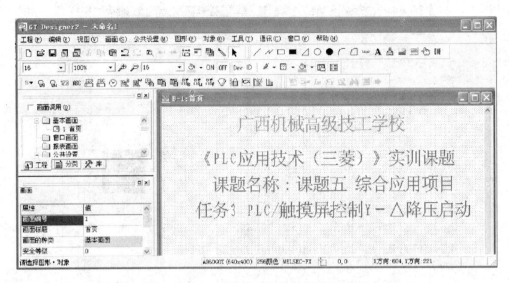

图5—3—31　输入文字后的软件开发界面2

3. 时钟时间的设定

（1）单击时刻显示快捷键"　⊘　"，然后在画面中的空白处单击，在首页画面左下方出现虚线矩形框，如图5—3—32所示的画面。

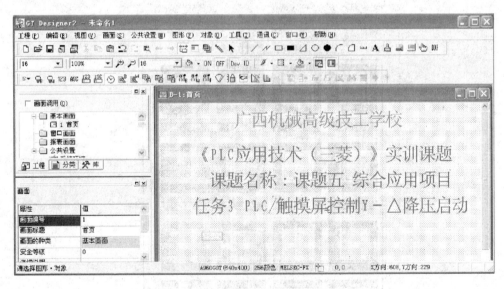

图5—3—32　时钟时间设定操作界面1

（2）单击画面中"图形对象的选择图标""　▶　"，然后将鼠标移至时刻显示画面处双击，会弹出如图5—3—33所示"时刻显示"对话框。

（3）在对话框中选择尺寸的大小为"2×2"，将显示颜色选为蓝色，然后单击"其他(R)..."按钮，会弹出可选择图形的"图形一览表"，如图5—3—34所示。

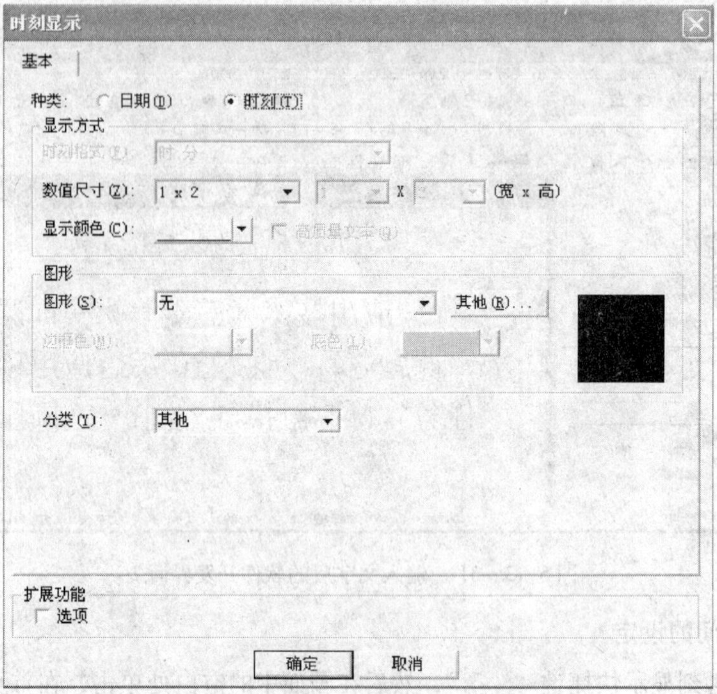

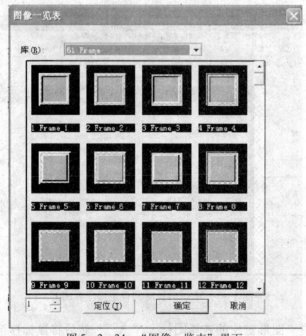

图 5—3—33　"时刻显示"对话框

图 5—3—34　"图像一览表"界面

　　（4）在"图像一览表"中选择所需的图形后，单击"确定"按钮；就会出现如图 5—3—35 所示的"时刻显示"对话框，选择图形的"底色（L）"为红色，单击"确定"按钮就会得到如图 5—3—36 所示设置完毕的"时刻显示"画面。

图5—3—35 设置有图形"时刻显示"对话框

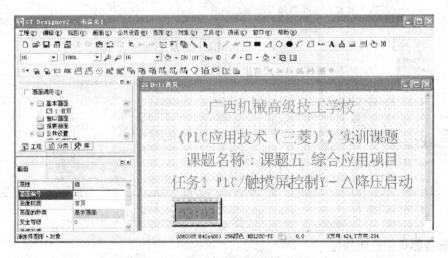

图5—3—36 设置完毕的"时刻显示"画面

4. 日期显示画面的制作

采用上述同样的方法进行操作，可进行日期的显示画面制作。不同的是在"时刻显示"对话框中选择的种类应是"⊙ 日期(D)"，选择相关参数的画面如图5—3—37所示。参数选择完后，单击"确定"按钮即可得到如图5—3—38所示的画面。

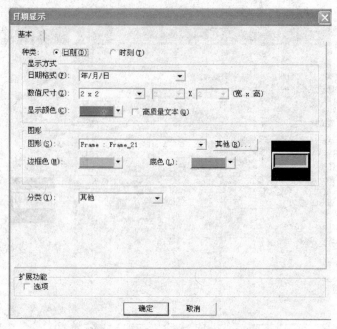

图 5—3—37 "日期显示"对话框

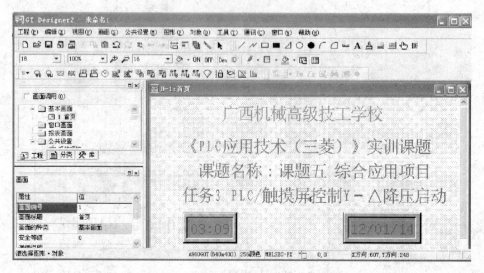

图 5—3—38 有"时刻显示"和"日期显示"的首页界面

5. 设置翻页的透明按钮

（1）单击 S▼ 按钮会出现如图 5—3—39 所示的开关选择画面，选择"画面切换开关"并单击，然后在画面中的空白处单击，会出现如图 5—3—40 所示的画面。

（2）单击画面中"图形对象的选择图标"" ▶ "，然后将鼠标移至画面中的" "处双击，会弹出如图 5—3—41 所示"画面切换开关"对话框。

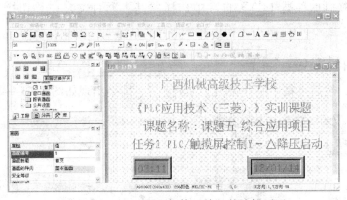

图 5—3—39　"画面切换开关"的选择画面

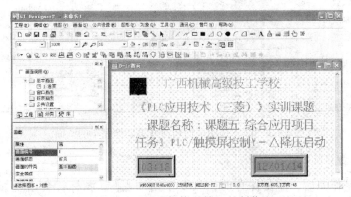

图 5—3—40　"画面切换开关"的制作画面 1

图 5—3—41　"画面切换开关"对话框

（3）在"切换画面种类（C）"选项中选择"基本"种类，在"切换到"的选项中选择 ⦿ 固定画面(E)：2 ▦。由于切换开关选择的是透明，因此在"显示方式"的"图形（A）选项中应选择图形(A)：无 ▾，至此切换开关制作完毕。单击"确定"按钮，然后再将切换开关图形拉至全屏，即会出现如图5—3—42 所示的画面。

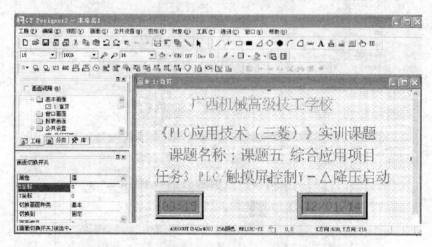

图 5—3—42　透明画面切换开关制作完毕的画面

6. 工程的保存

当画面编辑制作完后，需要保存时，只要单击"▤"图标，会出现如图5—3—43 所示的画面；然后选择所需保存路径，并设置工程名为"Y—△降压启动控制"，单击"确定"按钮即可完成首页的制作和保存。

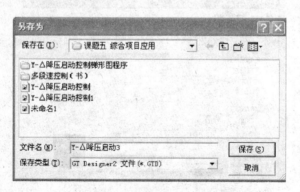

图 5—3—43　文件保存路径对话框

7. 操作画面的制作

将鼠标移至工程管理列表中的"▭1"，右击会出现如图5—3—44 所示的菜单栏，然后选择"新建"按钮并单击，会出现如图5—3—45 所示的"画面的属性"对话框，然后在"标题（M）"框中输入"操作页"，在画面编号中输入"2"单击"确定"按钮，就会进入第 2 页"操作页"的编辑画面，如图5—3—46 所示。

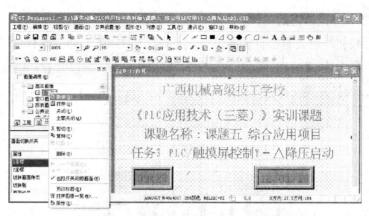

图 5—3—44　新建操作页的操作画面

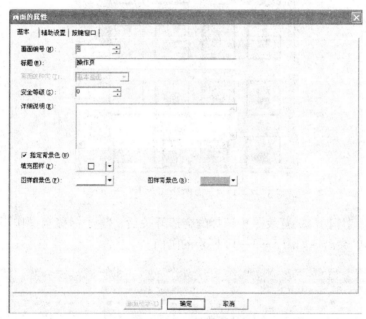

图 5—3—45　操作页设置"画面的属性"对话框

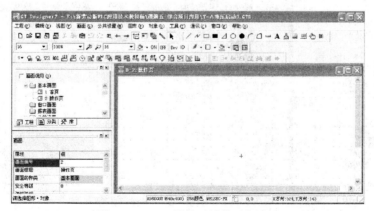

图 5—3—46　操作页软件开发界面

8. 启动按钮和停止按钮的制作

（1）在制作按钮时可以有多种选择，一种是直接单击 S▼ 图标，进行位开关的选择，另一种是通过 ✕ 库 图标来选择。前者的开关选择比较单一，所以常在后者中进行选择。单击 ✕ 库 图标，选择开关文件包 ⊞ ▢ Switch，就会弹出如图 5—3—47 所示的"库图像一览表"。

图 5—3—47　"库图像一览表"的开关

（2）单击在"库图像一览表"中选择的合适开关后，将光标移至操作页开发界面中合适的位置并单击，会出现如图 5—3—48 所示的画面。

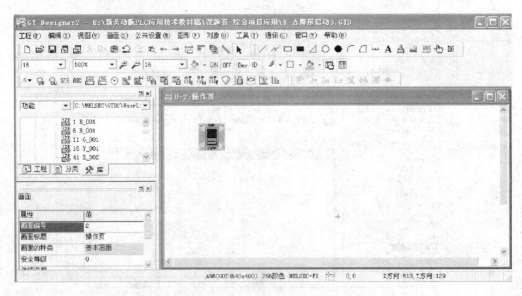

图 5—3—48　按钮制作画面

（3）开关的定义。单击工具栏上的"**A**"图标，弹出如图5—3—49所示的"文本"对话框，在"文本"框内输入"启动"，并对文本颜色及文本尺寸进行设置。设置完毕后，单击"确定"按钮进行确认，会出现如图5—3—50所示画面。

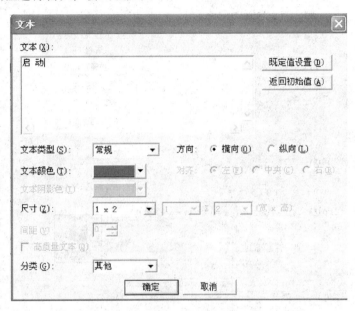

图5—3—49　开关定义"文本"对话框

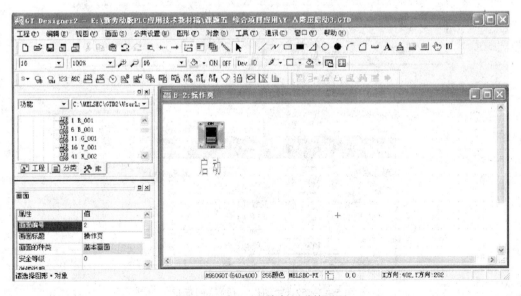

图5—3—50　开关定义后的画面

（4）开关的动作设置。双击画面中的按钮图标就会出现"多用动作开关"动作设置对话框，如图5—3—51所示，可以对开关进行位元件设置。

单击 位(B) 按钮，就会出现"动作（位）"对话框，如图5—3—52所示。

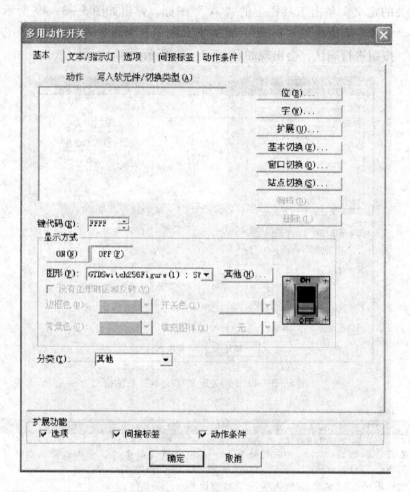

图 5—3—51　"多用动作开关"动作设置对话框

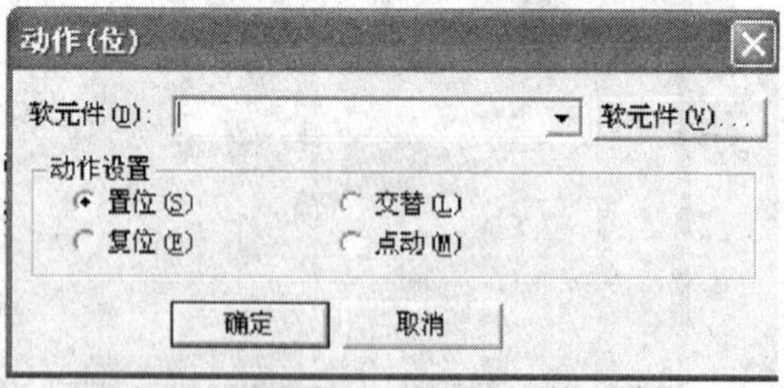

图 5—3—52　"动作（位）"对话框

　　单击图 5—3—52 中的 软元件 (V)... ，会出现如图 5—3—53 所示的"软元件设置〈指定：位〉"对话框，由于在梯形图中启动开关采用 M0 作为位元件，因此应将软元件选择为M0，然后单击"确定"按钮，即可得到如图 5—3—54 所示的画面。

图 5—3—53 "软元件设置〈指定:位〉"对话框

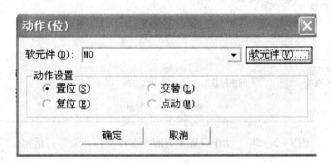

图 5—3—54 设置完软元件的"动作(位)"对话框

由于控制要求采用的是开关按钮,因此在"动作设置"选项中应选择 ⊙ 点动(M),如图 5—3—55 所示。然后单击"确定"按钮,会出现如图 5—3—56 所示的画面。

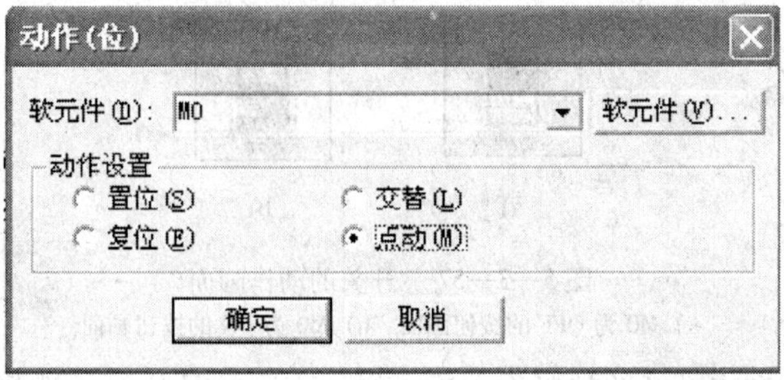

图 5—3—55 动作设置后的"动作(位)"对话框

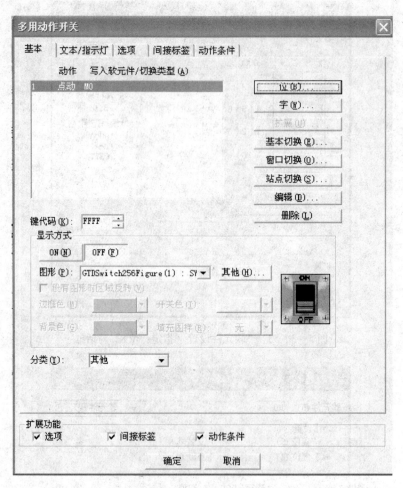

图 5—3—56　动作设置完成的"多用动作开关"对话框

开关动作设置完成后，可以观察开关的动作情况，单击画面中的 ON (N)，可以看到开关往上合上；单击 OFF (F) 时，可以观察到开关向下断开，如图 5—3—57 所示。

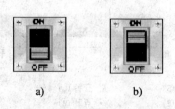

图 5—3—57　开关的动作画面

a) M0 为 OFF 的按钮画面　b) M0 为 ON 的按钮画面

停止开关的制作和启动开关的制作方法一样，不同的是位元件选择的是 M1，在此不再赘述，读者可以自行制作。制作完开关的画面如图 5—3—58 所示。

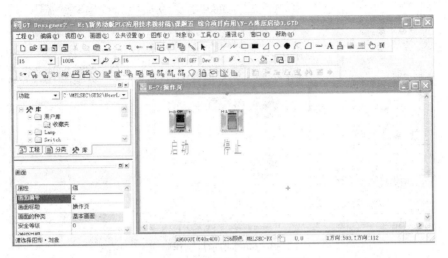

图 5—3—58　制作完开关的画面

9. 电动机运行状态指示灯的制作

（1）电动机的运行状态既可以用文字表示，也可用指示灯表示，根据控制要求，在此选择指示灯表示。首先在 库 里单击指示灯选择文件包" Lamp "，会出现如图 5—3—59 所示的指示灯的"库图像一览表"。选择所需的指示灯，单击指示灯图标，然后在制作画面内单击，就可得到指示灯画面，如图 5—3—60 所示。

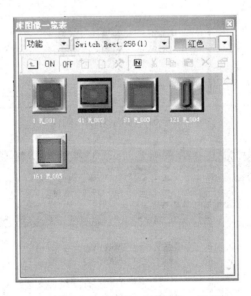

图 5—3—59　指示灯"库图像一览表"

（2）运用同样的方法做出三个输出量的指示灯，如图 5—3—61 所示。

（3）根据制作按钮的方法分别对三个指示灯进行文本输入和软元件输入，输入的文字分别是"电源""Y 形"和"△形"，输入的软元件分别为对应的 Y000、Y001 和 Y002，制作完毕的三个指示灯画面如图 5—3—62 所示。

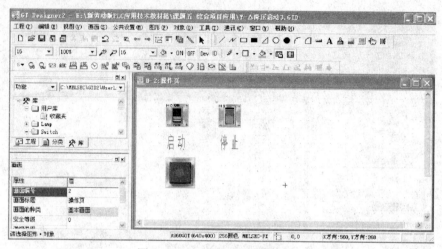

图 5—3—60　指示灯制作画面 1

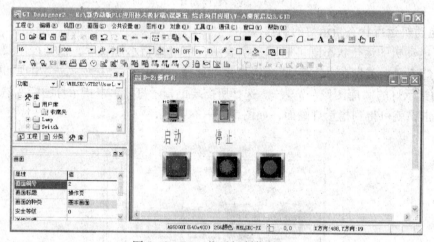

图 5—3—61　指示灯制作画面 2

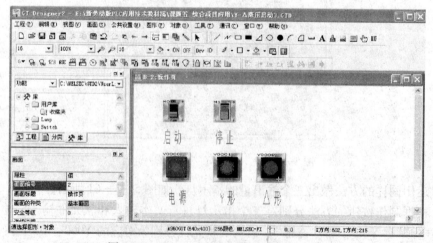

图 5—3—62　三个指示灯制作完毕的画面

10. 降压启动延时时间的设置制作

（1）单击画面中的"数值输入"快捷键 图标，然后将光标移至画面中任意空白位置并单击，就可得到如图5—3—63所示的画面，接着对该数值进行编辑。

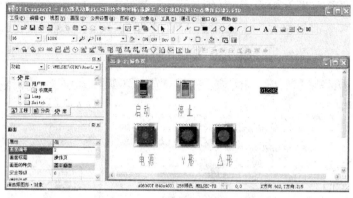

图5—3—63　"数值输入"画面

（2）单击画面中的 快捷键，然后将光标移至数值 012845 上并双击，会弹出"数值输入"对话框，接着在"种类"选项中选择• 数值输入(I)。在 软元件(V)… 选项中输入"D200"；然后选择数值的颜色。软件数值显示的位数为6位默认值，在此将它改为3位。接着选择字体的大小为"2×2"，数据类型选"实数"，最后选择数值色，只要单击对话框中"其他(R)… "就会出现"图形—览表"提供选择。选择完图形后，再选择底色为红色，设置后的画面如图5—3—64所示。

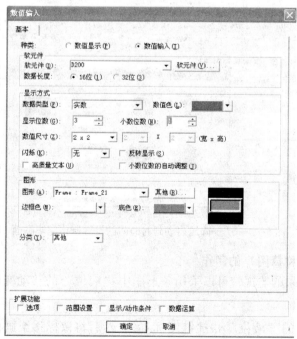

图5—3—64　"数值输入"设置画面

（3）为了保证数值的安全性，可以在对话框下面的"扩展功能"选项中进行选项设置，如图 5—3—65 所示；然后单击"确定"按钮就会出现如图 5—3—66 所示的画面。

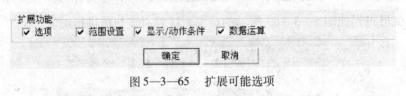

图 5—3—65 扩展可能选项

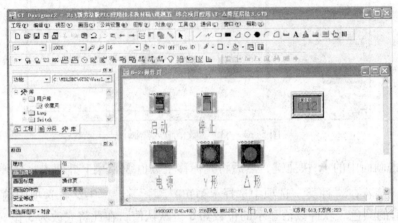

图 5—3—66 时间图标制作画面

（4）对制作完的延时时间设置图标进行命名，命名的设置操作方法同前所述，读者可自行完成，完成后的画面如图 5—3—67 所示。

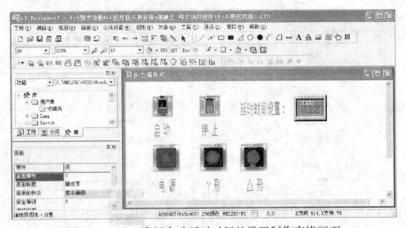

图 5—3—67 降压启动延时时间的设置制作完毕画面

11. 条形图（也称棒图）的制作

为了显示动态效果的监视，可以采用条形图中"液位"的移动变化实施监控，具体的制作方法如下：

（1）单击画面中的"液位"快捷键图标，然后将鼠标移至画面中的空白位置并单击，即会出现如图 5—3—68 所示的画面。

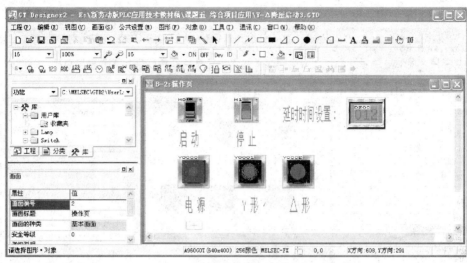

图 5—3—68　条形图制作画面

（2）条形图的编辑。先将光标变成 ↖，然后移至条形图的框内并双击，此时会弹出"液位"对话框。在对话框的软元件选项中选择软元件为"T0"，数据长度选择"16"位；在显示方式中进行 液位色(L)、图样背景色(P)选择；将 显示方向(R)改为向右；为了能使条形图在监控时的颜色能填充满，将下限值设置为"0"；在上限值选项中不选择，而是直接选择"T0"，设置完的对话框如图 5—3—69 所示。最后单击"确定"按钮，会得到如图 5—3—70 所示的画面。

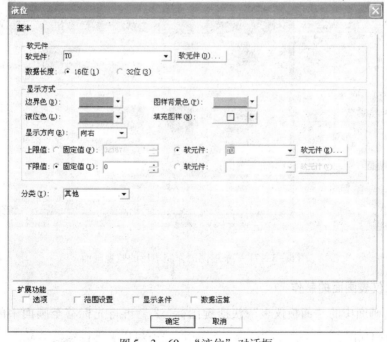

图 5—3—69　"液位"对话框

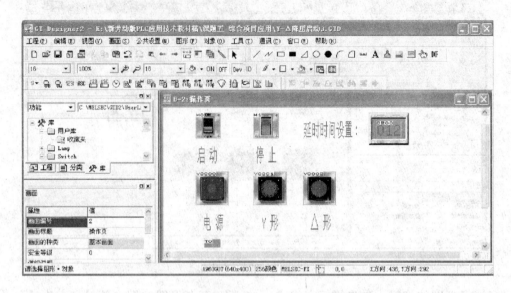

图 5—3—70　设置完参数的条形图画面

（3）将画面中的条形图进行适当的拉伸，然后进行文字输入，命名为"启动过程监视"，这样就可得到制作完毕的启动过程条形图监视画面，如图 5—3—71 所示。

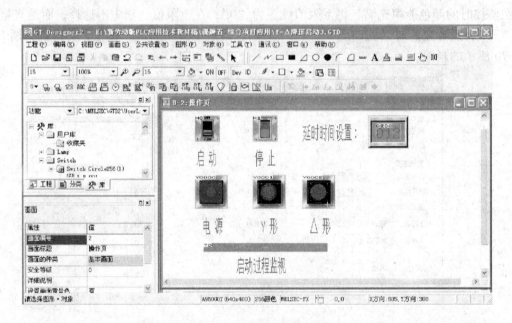

图 5—3—71　条形图制作完毕后的监视画面

12. 面板仪表画面的制作

（1）单击画面中的"面板仪表"快捷键图标 ▽，再将光标移至画面中的空白位置并单击，就可得到如图 5—3—72 所示的画面，然后对面板仪表进行编辑设置。

图 5—3—72 面板仪表制作画面

（2）将光标变成 ▶ ，然后双击面板仪表图标，会弹出"面板仪表"对话框，先进行软元件的设置，对应矩形图将软元件设置为"T0"，数据长度选择 16 位；接着进行"显示方式"选项的选择，在仪表种类（Y）中选择"上半圆"，显示方向选择顺时针；为了醒目，指针颜色选择红色，然后选择 ☑ 仪表框显示（R）和 ☑ 仪表盘显示（M），并将仪表盘的底色选择为浅一点的颜色；在选择上限值和下限值时，将上限值改为"200"，将下限值设置为"0"；最后在面板仪表的"图形"选项中选择合适的图形和颜色，设置完的参数如图 5—3—73 所示。

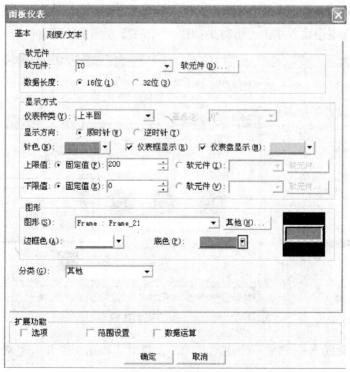

图 5—3—73 "面板仪表"对话框

（3）在"扩展功能"选项中选择范围设置，弹出"面板仪表"对话框，然后进行"刻度范围"的选择；先对"刻度"选项进行选择，将 刻度数(P) 和 数值数(M) 选项中的"3"改为"6"；然后单击"选项"，进行上限值和下限值的选择，操作方法同前。面板仪表制作完毕的画面如图 5—3—74 所示。

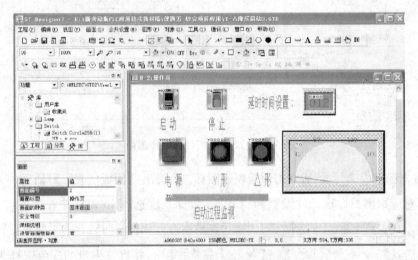

图 5—3—74　面板仪表制作完毕的画面

13. 返回键的制作

（1）单击画面中的位开关图标 S▼，选择"画面切换开关"，从中选择合适的按钮图标，并将光标移至画面空白位置单击，可得到如图 5—3—75 所示的画面。

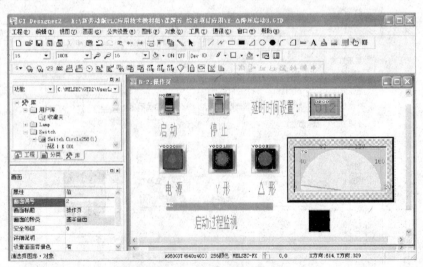

图 5—3—75　返回键制作画面

（2）将光标变成 ▶，然后双击返回开关，会弹出"画面切换开关"对话框；在 切换到 选项中选择"首页"；再在 图形(A) 选项中单击 其他(R)... ，会弹出开关选择的"图像一览表"，选择合适的图形并设置背景颜色，然后进行文字编辑，输入"返回"；最后单击"确定"按钮，就可得到如图5—3—76所示的画面。

图5—3—76　操作页制作完毕的画面

14. 触摸屏程序的保存

当触摸屏画面制作完毕后，须将程序进行编程，保存时只要单击软件开发界面中的 ![图标] 图标即可。

五、触摸屏的模拟仿真运行

触摸屏在与PLC连机控制之前，必须将所制作触摸屏画面进行模拟仿真运行，模拟仿真的方法和步骤如下：

（1）先打开PLC的梯形图控制程序，并单击 ![图标] 图标，进入PLC梯形图仿真运行状态，如图5—3—77所示。

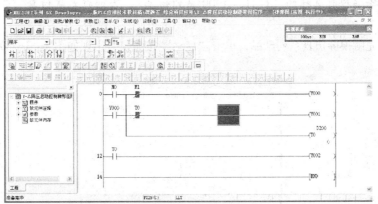

图5—3—77　PLC梯形图仿真运行画面

（2）按如图5—3—78所示的画面，执行"开始"→程序→ ![MELSOFT应用程序] →![图标] GT Simulator2命令，打开GT Simulator 2软件，出现如图5—3—79所示的界面，选取触摸屏仿真系列产品。

图 5—3—78　启动 GT Simulator 2 仿真软件画面 1

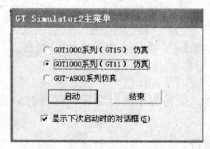

图 5—3—79　启动 GT Simulator 2 仿真软件画面 2

提示

在此应选择编程时选择的"GOT – A900 系列仿真"，否则将无法仿真。

（3）选取完触摸屏仿真系列产品，单击"启动"按钮，会出现如图 5—3—80 所示的画面。

图 5—3—80　启动仿真软件就绪画面

（4）初次使用 GT Simulator 2 仿真软件，必须对一些相关参数进行设置。先单击"就绪"画面中的 **仿真(S)** 按钮，会出现如图5—3—81所示的画面，然后在其下拉菜单栏中单击 **选项(O)**，会弹出"选项"对话框，在对话框中 **通信设置** 的"连接方式"选项中，选择 **GX Simulator ▼** 和 **MELSEC-FX ▼**，如图5—3—82所示。

图5—3—81 仿真选项设置下拉菜单   图5—3—82 "选项"对话框

（5）在"**动作设置**"选项卡中选择 GOT 类型项为"GOT - A960"，如图5—3—83所示。

图5—3—83 动作设置选项画面

（6）单击 📂 图标，可选择要仿真的工程，如图 5—3—84 所示。然后单击"打开"按钮，数秒后就会出现触摸屏仿真的画面，如图 5—3—85 所示。

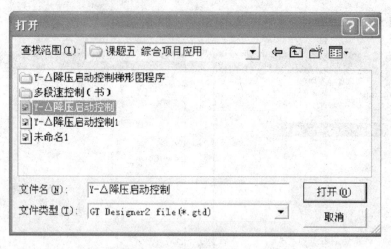

图 5—3—84　选择仿真工程名

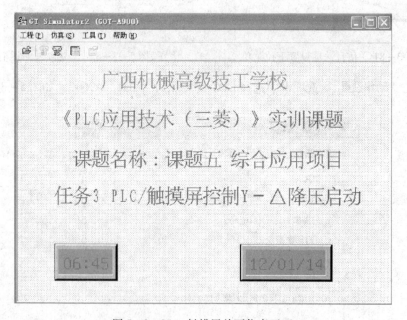

图 5—3—85　触摸屏首页仿真画面

（7）用光标单击画面任意位置（相当于用手触摸触摸屏的任意位置），此时会切换到操作页的仿真画面，如图 5—3—86 所示。

（8）模拟仿真运行的操作

1）模拟启动前，应先进行延时时间设置，方法是将光标移至画面中的延时时间设置框图中，然后单击，会弹出如图 5—3—87 所示的参数设置键盘。

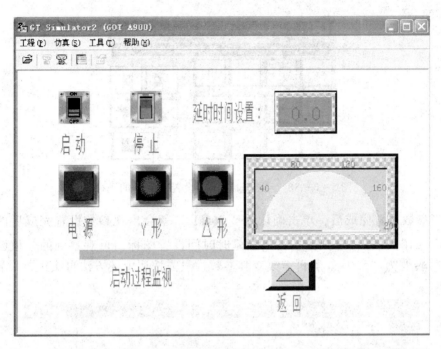

图 5—3—86 操作页仿真画面

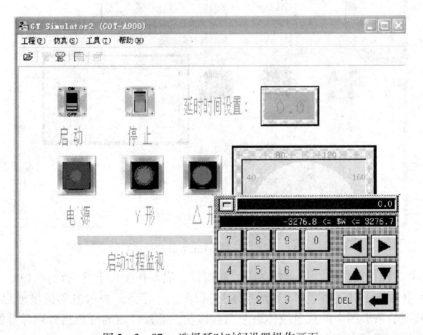

图 5—3—87 选择延时时间设置操作画面

2）将光标移至画面中的参数设置键盘中，单击输入设定时间参数，如设置 5 s，就单击 5 软键，在键盘上方的键盘显示屏就会出现"5"的数值，如图 5—3—88 所示。

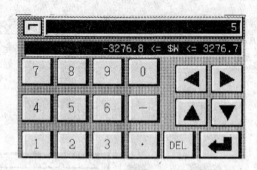

图 5—3—88　参数设置键盘设置参数后的画面

3）当参数设置完成后，单击确认键" 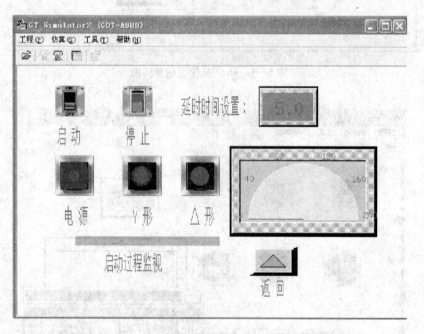 "，就会出现参数设置完成后的操作页仿真画面，如图 5—3—89 所示。此时在延时时间设置图标内可观察到的数值已由原来的"0.0"转变为"5.0"。若再需改变其参数，只需按照上述方法再次进行设置即可。

图 5—3—89　延时时间设置完毕后的操作页仿真画面

4）启动过程仿真操作。用光标单击启动按钮，启动按钮由下往上动作（由 OFF 转换为 ON），此时电源指示灯（红色）、Y 形指示灯（绿色）灯亮，表示电动机星形启动，同时，启动过程监视的条形图中的红色液体由左向右移动，面板仪表的红色指针顺时针偏转，表明电动机正在星形降压启动，如图 5—3—90 所示。

5）当降压启动延时 5 s 时间后，Y 形指示灯（绿色）熄灭，△形指示灯（蓝色）灯亮；而条形图的框内已被红色的液体填满，面板仪表的红色指针也停止偏转，表示电动机已处于三角形运行状态，如图 5—3—91 所示。

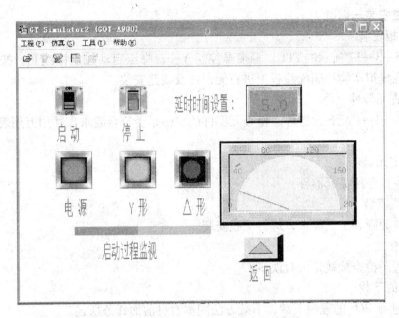

图 5—3—90 星形降压启动过程画面

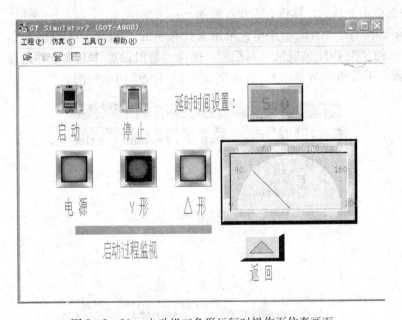

图 5—3—91 电动机三角形运行时操作页仿真画面

6）停止模拟仿真。需要停止时，只需将光标移至画面中的停止按钮上单击即可。单击停止按钮后，画面中的所有指示灯熄灭，面板仪表指针返回"0"，条形图中的红色液体也会退尽，画面恢复到图 5—3—89 所示的画面，表示电动机处于停止状态。

7）结束仿真运行。需要结束仿真运行时，只需单击画面中右上角的 ⊠ 图标，即可关闭仿真运行。

六、线路安装与调试

1. 配线板安装

根据图 5—3—17 所示的 PLC、触摸屏控制 Y—△降压启动控制接线图，按照以下安装电路的要求在模拟实物控制配线板上进行元器件及线路安装。

（1）检查元器件

根据表 5—3—1 配齐元器件，检查元器件的规格是否符合要求，并用万用表检测元器件是否完好。

（2）固定元器件

固定好本任务所需元器件。

（3）配线安装

根据配线原则和工艺要求，进行配线安装。

（4）自检

对照接线图检查接线是否有误。

2. 程序的下载

（1）先进行 PLC 的程序下载，下载方法同本教材前面任务所述。

（2）触摸屏的数据传输。数据的下载和上载传输是将制作完成的屏幕工程下载到 GOT或将 GOT 中的数据上载到计算机，操作步骤如下：

1）选择菜单栏的"通讯"菜单，单击下拉菜单的"跟GOT的通讯 (G)..."，会出现如图5—3—92 所示的"跟 GOT 的通讯"对话框；选择"通讯设置"选项卡并选择"USB"（本例的触摸屏程序下载用 USB 通讯），会出现如图 5—3—93 所示画面。

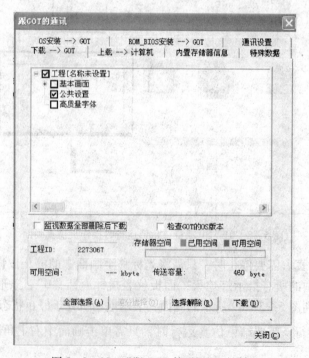

图 5—3—92 "跟 GOT 的通讯"对话框

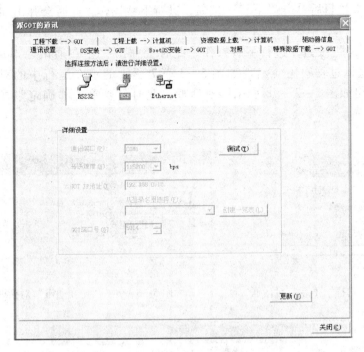

图 5—3—93　选择"通讯设置"选项卡

2) 选择"工程下载→GOT"选项卡，会出现如图 5—3—94 所示的画面，选择要下载的项目。

图 5—3—94　选择"工程下载→GOT"选项卡选项

3）选择下载项目后单击"下载"按钮，进行下载操作，此时会弹出如图 5—3—95 所示的对话框。

4）单击"是"按钮，进行下载操作；此时会弹出"正在通讯"对话框，如图 5—3—96 所示。通讯过程中还会出现如图 5—3—97 所示的正在运行中的对话框。当通讯完成后，会弹出如图 5—3—98 所示的对话框，此时只要单击"确定"按钮即可完成数据的传输。

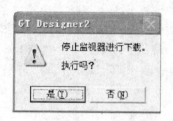

图 5—3—95　选择"下载"对话框

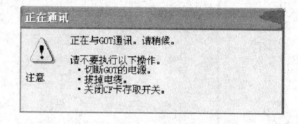

图 5—3—96　"正在通讯"对话框 1

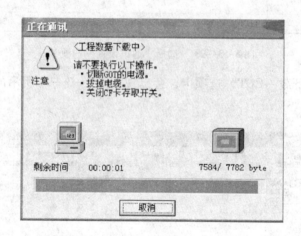

图 5—3—97　"正在通讯"对话框 2

3. 通电调试

（1）经自检无误后，在指导教师的指导下，方可通电调试。

（2）首先接通系统电源开关 QF2，将 PLC 的 RUN/STOP 开关拨到"RUN"的位置，然后通过计算机上的 MELSOFT 系列 GX Developer 软件中的"监控/测试"监视程序的运行情况，再按照表 5—3—6 进行操作，观察系统运行情况并做好记录。如出现故障，应立即切断电源，分析原因、检查电路或梯形图，排除故障后，方可进行重新调试，直到系统功能调试成功为止。

图 5—3—98　数据传输完毕对话框

表5—3—6　　　　　　　　　　程序调试步骤及运行情况记录表

操作步骤	操作内容	观察内容	观察结果	思考内容
第一步	打开触摸屏电源开关	1. KM1、KM2和KM3的动作 2. 触摸屏屏幕上的启动按钮、停止按钮、电源指示灯、Y形指示灯、△形指示灯、条形图、面板仪表指针		理解PLC的工作过程和触摸屏工作过程
第二步	用手指触摸点击屏幕首页上任意位置			
第三步	用手指触摸点击屏幕操作页上启动按钮			
第四步	用手指触摸点击屏幕操作页上停止按钮			
第五步	用手指触摸点击屏幕操作页上返回按钮			

操作提示

在进行触摸屏GT Designer2软件的安装和使用以及触摸屏屏幕画面制作、安装及调试过程中，时常会遇到如下问题：

问题1：在事先没有安装GX Developer Ver. 8编程软件的计算机上进行触摸屏GT Designer2软件的安装时，没有先进行使用环境的安装而直接进行软件的安装。

后果及原因：将会导致软件的安装失败。

预防措施：应先进行使用环境的安装，然后进行软件的安装。

问题2：在没有连接PLC或其他设备情况下，在计算机上进行模拟触摸屏仿真运行时，没有启动PLC控制程序的仿真运行，而直接进入触摸屏仿真软件进行仿真操作。

后果及原因：将无法进行仿真的操作控制，这时因为没有启动PLC的仿真控制程序，致使触摸屏上的变量参数无法工作，导致触摸屏画面上只有制作的画面，而无法进行监控和操作控制。

预防措施：在没有连接PLC或其他设备情况下，在计算机上进行模拟触摸屏仿真运行时，必须先启动PLC控制程序的仿真运行，再进入触摸屏仿真软件，进行仿真操作控制和监控。

任务测评

对本任务实施的完成情况进行检查，并将结果填入表5—3—7内。

表 5—3—7　　　　　　　　　　　　　　　评分标准

序号	主要内容	考核要求	评分标准	配分	扣分	得分
1	软件安装	能正确进行 GT Designer2 软件的安装	1. 软件安装的方法及步骤正确，错一项扣5分 2. 仿真软件安装的方法及步骤正确，错一项扣5分 3. 不会安装，扣10分	10		
2	电路设计	根据任务，设计电气原理电路图，列出 PLC、触摸屏的 I/O 口、内部继电器与外部元件对应关系表，根据加工工艺，设计梯形图及 PLC/触摸屏控制接线图	1. 电气控制原理设计功能不全，缺一项扣5分 2. 电气控制原理设计错误，扣20分 3. 输入/输出地址遗漏或错误，每处扣5分 4. 梯形图表达不正确或画法不规范，每处扣1分 5. 接线图表达不正确或画法不规范，每处扣2分	60		
3	程序输入及仿真调试	熟练正确地将所编程序输入 PLC；将数据传输到触摸屏中，按照被控设备的动作要求进行模拟调试，达到设计要求	1. 不会熟练操作 PLC 键盘输入指令，扣2分 2. 不会用软件进行触摸屏的文本输入、参数设置、图形制作等，每项扣2分 3. 仿真试运行不成功，扣40分			
4	安装与接线	按 PLC/触摸屏控制接线图在模拟配线板上正确安装，元件在配线板上布置要合理，安装要准确紧固，配线导线要紧固、美观，导线要进走线槽，导线要有端子标号	1. 试机运行不正常，扣20分 2. 损坏元件，每个扣5分 3. 试机运行正常，但不按电气接线图接线，每处扣5分 4. 布线不进走线槽，不美观，主电路、控制电路接线有误，每根扣1分 5. 接点松动、露铜过长、反圈、压绝缘层，标记线号不清楚、遗漏或误标，引出端无别径压端子，每处扣1分 6. 损伤导线绝缘或线芯，每根扣1分 7. 不按 PLC/触摸屏控制接线图接线，每处扣5分	20		

续表

序号	主要内容	考核要求	评分标准	配分	扣分	得分
5	安全文明生产	劳动保护用品穿戴整齐；电工工具佩戴齐全；遵守操作规程；尊重考评员，讲文明礼貌；考试结束要清理现场	1. 考试中，违反安全文明生产考核要求的任何一项扣2分，扣完为止 2. 当考评员发现考生有重大事故隐患时，要立即予以制止，并每次扣安全文明生产总分5分	10		
		合　　计				
	开始时间：		结束时间：			

F940GOT 触摸屏与外围单元的连接

1. 触摸屏电源连接

GOT 的供电方式有两种，即由 PLC 的 DC24 V 电源供电或由独立的外部电源供电。将 GOT 背面上的电源端子与相应的 DC24 V 电源连接，电路分别如图 5—3—99 和图 5—3—100 所示。

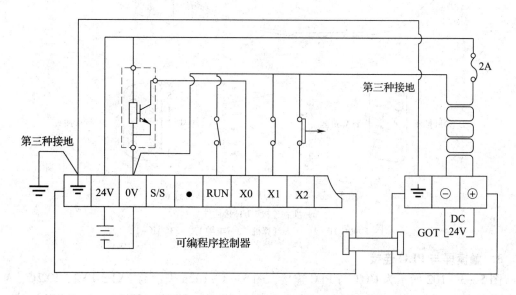

图 5—3—99　由 FX 系列 PLC 的 DC24 V 电源供电

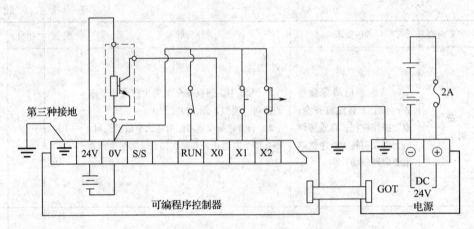

图 5—3—100　由 FX 系列 PLC 的 DC24V 电源供电 2

2. 触摸屏与个人计算机的连接

图 5—3—101 所示为 GOT 与个人计算机连接。

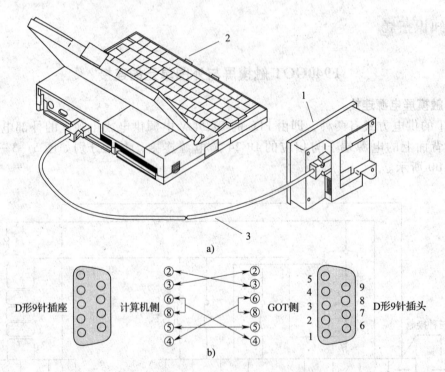

图 5—3—101　GOT 与个人计算机连接

a) 实物连接　b) 接插件

1—F940GOT　2—个人计算机　3—电缆 FX－23CAB－1

3. 触摸屏与 PLC 连接

图 5—3—102 所示为 GOT 与 PLC 连接，图 5—3—102a 表示与 FX1、FX2、FX2C、A 系列 PLC 连接，图 5—3—102b 表示与 FX0、FX0S、FX0N、FX2N、FX2NC 系列 PLC 连接。

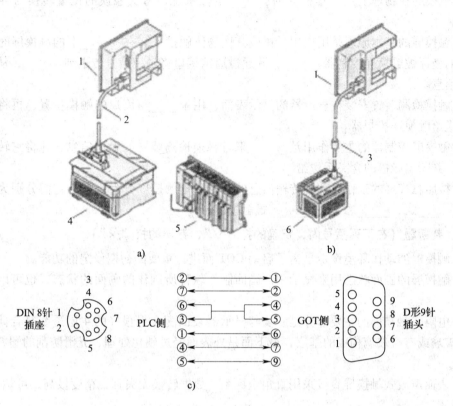

图 5—3—102 GOT 与 PLC 连接

a）和 b）实物连接 c）FX—50DU—CABO 电缆接插件

1—F940GOT 2—电缆 FX—40DU—CAB（3 m）

或 FX—40DU—CAB—10M（10 m） 3—FX—50DU—CAB（3 m），

FX—50DU—CABO（3 m）或 FX—50DU—CABO—10M（1 m），FX—50DU—CABO（10 m），

FX—50DU—CABO—20M（20 m），FX—50DU—CABO（30 m） 4—FX1、FX2、FX2C 系列 PLC

5—A 系列 PLC 6—FX0、FX0S、FX0N、FX2N、FX2NC 系列 PLC

4. 触摸屏与个人计算机和 PLC 连接

GOT 有两个串口，GOT 的 RS－232C 接口与个人计算机连接，RS－422 接口与 PLC 连接，在个人计算机上既可以使用画面创建软件实现与 GOT 的数据传输，也可以使用 PLC 编程软件。使用 GOT 读写 PLC 程序，给设计调试带来了极大的方便。

正确连接电缆后，有关通信参数设定可以在画面制作软件或 GOT 本体上完成。

巩固与提高

一、填空题（请将正确的答案填在横线空白处）

1. 触摸屏全称是_____，是一种人机交互装置。

2. 触摸屏在物理上是一套独立的_____定位系统，每次触摸的位置转换为屏幕上的_____。

3. 触摸屏的基本原理是用户用手指或其他物体触摸安装在_____上的触摸屏时，被触摸位置的坐标被触摸屏控制器_____，并通过通信接口将触摸信号传送到_____，从而得到输入的信息。

4. 触摸检测装置安装在显示器的显示表面，用于_____用户的触摸位置，再将该处的信息传送给触摸屏控制器。

5. 触摸屏控制器的主要作用是_____来自触摸检测装置的触摸信息，并将它转换成触点坐标，判断出触摸的含义后送给_____。

6. 按照触摸屏的工作原理和传输信息的介质，把触摸屏分为 4 种，它们分别为_____式、_____式、_____式及_____式触摸屏。

二、判断题（在下列括号内，正确的打"√"，错误的打"×"）

1. 触摸屏的动作环境设定是为了启动 GOT 而进行重要的初期设定的功能。　　（　　）

2. 触摸屏的画面状态用来显示用户画面制作软件所制作的画面的状态，也可以显示报警信息。　　（　　）

3. 电阻式触摸屏的主要部分是一块与显示器表面配合得很好的 4 层透明复合薄膜，最上层是玻璃或有机玻璃构成的基层，最下面是外表面经过硬化处理、光滑防刮的塑料层。

（　　）

4. 表面声波式触摸屏直接采用直角坐标系，数据转换无失真，精度极高，可达 4 096 × 4 096 像素。　　（　　）

三、技能题

制作触摸屏的基本功能画面，控制要求如下：

1. 创建如图 5—3—103 和图 5—3—104 所示的主控画面和控制画面。

2. 单击主控画面上的"电动机正反转控制"按钮，能切换到图 5—3—104 所示的画面。

3. 单击图 5—3—104 所示画面中的"返回"按钮，能返回主控画面。

图 5—3—103　主控画面

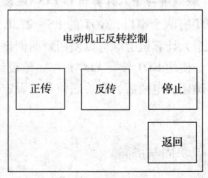

图 5—3—104　控制画面

任务4　触摸屏/PLC/变频器综合实现电动机调速控制

学习目标

知识目标：

1. 熟悉触摸屏、变频器、PLC 实现综合控制的形式。
2. 掌握 PLC 模拟量输出模块 FX2N – 2DA 的应用。
3. 掌握变频器模拟量输入控制调速的方法。
4. 理解变频器模拟量输入控制调速各参数的意义。

能力目标：

1. 能够正确设置触摸屏、变频器、PLC 实现电动机调速控制。
2. 能够根据控制要求，正确编程并进行安装及调试。

工作任务

三菱 PLC 有许多特殊功能模块，模拟量模块就是其中的一种，它包括数模转换模块和模数转换模块。例如数模转换模块可将一定的数字量转换成对应的模拟量（电压或电流）输出，这种转换具有较高的精度。在设计一个控制系统时，常常会需要对电动机的转速进行控制，利用 PLC 的模拟量模块的输出来对变频器实现速度控制是一个既经济又简便的方法。

本次任务的主要内容是通过触摸屏、PLC、变频器控制系统（模拟量输出的模块）实现对电动机转速的控制，其具体情况如下。

现有一台生产机械由一台额定频率为 50 Hz，额定转速为 2 800 r/min 的三相异步电动机进行拖动，在生产过程中根据生产工艺需要，要求电动机能在 0 ~ 50 Hz 的频率下运行。其系统控制要求如下：

1. 由变频器控制电动机在 0 ~ 50 Hz 的频率范围内单方向运行。

2. 控制系统设计了 4 个外部按钮，分别是启动按钮 SB1、停止按钮 SB2、加速按钮 SB3、减速按钮 SB4。按下启动按钮 SB1，变频器启动后，每按加速按钮 SB3 一次，电动机加速一级，按加速按钮 SB3 达到 2 s 后，电动机迅速加速，当达到所需运行频率时，松开加速按钮 SB3 后电动机停止加速并稳定运行在当前所需运行频率状态；需要减速时，每按减速按钮 SB4 一次，电动机减速一级，按减速按钮 SB4 达到 2 s 后，电动机迅速减速，当减速到达所需运行频率时，松开减速按钮 SB4 后电动机停止减速并稳定运行在当前所需运行频率状态。当需要停止时，只需按下停止按钮即可。

3. 该控制系统还可以用触摸屏进行监控，并在触摸屏上设计与外部控制功能相同的 4 个按钮，要求显示电动机实时转速和对应的电源频率等信息。图 5—4—1 所示是触摸屏监控的模拟仿真的初始状态画面。

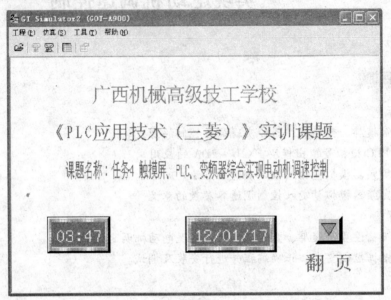

a)

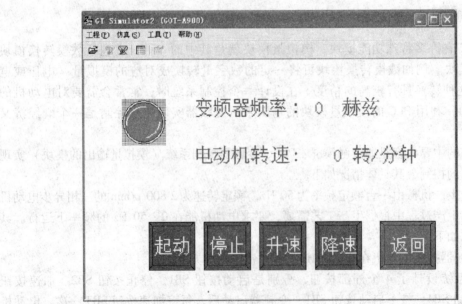

b)

图 5—4—1　触摸屏、PLC、变频器控制系统实现对电动机转速控制触摸屏仿真画面

a) 触摸屏首页画面　b) 操作页监控画面

4. 触摸屏能实现的功能

（1）在图 5—4—1a 所示的首页画面中能显示当天的日期和时间；单击首页画面的翻页图标，画面会自动切换到如图 5—4—1b 所示的操作页监控画面。

（2）当单击操作页画面中的启动按钮（相当于用手触摸触摸屏的启动按钮）时，变频器启动，此时监控画面的红色电源指示灯点亮，而此时画面中的"变频器频率"显示为 0 Hz，电动机未开始启动运行，变频器的面板显示屏上的数字显示为 **000**，所以在监控画面中的"电动机转速"为 0 r/min，如图 5—4—2 所示。

图 5—4—2　电动机启动时的仿真监控画面

（3）当单击升速按钮时，可观察到画面中的"变频器频率"和"电动机转速"升高 1级，当按下升速按钮超过 2 s 时，可观察到画面中的"变频器频率"和"电动机转速"不断增加，图 5—4—3 所示是升速到 26 Hz 时的监控画面，变频器面板显示屏上的数字显示与触摸屏同时变化，电动机的转速也由静止状态按所提供的频率逐渐升速。当松开升速按钮时，监控画面中的"变频器频率"和"电动机转速"会定格在松开升速按钮时的频率和所运行的转速状态，此时电动机按照画面中的频率转速稳定运行，同时在变频器的面板显示屏上的数字显示频率也定格在与触摸屏监控画面显示的相同频率。

（4）当单击降速按钮时，可观察到画面中的"变频器频率"和"电动机转速"会减小 1级，当按下降速按钮超过 2 s 时，可观察到画面中的"变频器频率"和"电动机转速"会逐渐减小，图 5—4—4 所示是降速到 18 Hz 时的监控画面，与其对应的变频器的面板显示屏上的数字显示与触摸屏数字同时变化，电动机的转速由高速运行状态按所提供的频率逐渐减速。当松开降速按钮时，监控画面中的"变频器频率"和"电动机转速"会定格在松开降速按钮时的频率和所运行的转速状态，此时电动机按照画面中的频率转速稳定运行，同时在变频器的面板显示屏上的数字显示频率也定格在与触摸屏监控画面显示的相同频率。

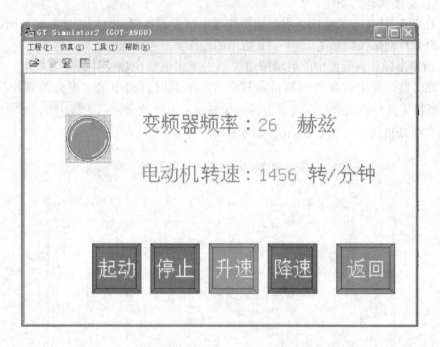

图 5—4—3　电动机升速到 26 Hz 时的仿真监控画面

图 5—4—4　电动机降速到 18 Hz 时的仿真监控画面

（5）单击操作页画面中的停止按钮，可以停止电动机的运行，触摸屏上的监控画面会返回初始状态。

（6）单击画面中的"返回"按钮，能返回首页画面。

任务准备

表 5—4—1　　　　　　　　　　　实训设备及工具材料

序号	分类	名称	型号规格	数量	单位	备注
1	工具	电工常用工具		1	套	
2	仪表	万用表	MF－47 型	1	块	
3	设备器材	编程计算机		1	台	
4		接口单元		1	套	
5		通信电缆		1	条	
6		触摸屏	三菱系列（自定）	1	台	
7		可编程序控制器	FX2N－48MR	1	台	
8		模拟量模块	FX2N－2DA	1	台	
9		变频器	FR－A740	1	台	
10		安装配电盘	600 mm×900 mm	1	块	
11		导轨	C45	0.3	m	
12		空气断路器	Multi9 C65N D20	1	只	
13		熔断器	RT28－32	4	只	
14		按钮	LA4	4	只	
15		接线端子	D－20	20	只	
16		三相异步电动机	自定	1	台	
17	消耗材料	铜塑线	BV1/1.37 mm²	10	m	主电路
18		铜塑线	BV1/1.13 mm²	15	m	控制电路
19		软线	BVR7/0.75 mm²	10	m	
20		紧固件	M4×20 螺杆	若干	只	
21			M4×12 螺杆	若干	只	
22			ϕ4 mm 平垫圈	若干	只	
23			ϕ4 mm 弹簧垫圈及 M4 螺母	若干	只	
24		号码管		若干	m	
25		号码笔		1	支	

任务分析

　　PLC 控制变频器实现电动机调速控制常用的方法是通过 PLC 来控制变频器的 RH、RM、RL 端子的组合或通过模拟量功能实现。本任务是典型的模拟量调速运行控制，要实现控制要求，必须先熟悉变频器和 PLC 实现模拟量控制的特点，列出 PLC 数字量与模拟量的关系，变频器模拟量输入端子与频率的关系等，再编写控制程序，然后进行电动机基本运行的参数设定和模拟量控制运行参数的设定，最后按照控制要求进行调试运行。

 **相关知识**

一、FX 系列 PLC 特殊功能模块概述

在现代工程控制项目中，仅仅用 PLC 的 I/O 模块还不能解决问题。因此 PLC 生产厂家开发了许多特殊功能模块。如模拟量输入模块、模拟量输出模块、高速计数模块、PID 过程控制调节模块、运行控制模块、通信模块等。这些模块与 PLC 主机连接起来构成控制系统，将使 PLC 的功能越来越强，应用越来越广泛。当前，PLC 的特殊功能模块大致可以分为 A/D、D/A 转换类，温度测量与控制类，脉冲计数与位置控制类，网络通信这四大类。模块的品种与规格根据 PLC 型号与模块用途的不同而不同。在此仅介绍 FX 系列 PLC 的 A/D、D/A 转换类的特殊功能模块。

A/D、D/A 转换类功能模块包括模拟量输入模块（A/D 转换）、模拟量输出模块（D/A）两类。根据数据转换的输入/输出点数（通道数量）、转换精度（转换位数、分辨率）等的不同，有多种规格可供选择。

1. A/D 转换功能模块的作用是将来自过程控制的传感器信号，如电压、电流等连续变化的物理量（模拟量）直接转换为一定位数的数字量信号，以供 PLC 进行运算与处理。

2. D/A 转换功能模块的作用是将 PLC 内部的数字量信号转换为电压、电流等连续变化的物理量（模拟量）输出。它既可以用于变频器、伺服驱动器等控制装置的速度、位置控制输入，也可用来作为外部仪表的显示。

本任务控制系统采用的是 D/A 转换功能模块，实现对变频器的转速控制，因此，在此重点介绍 D/A 转换功能模块（模拟量输出模块），对于模拟量输入模块将在 "知识拓展" 环节中做简单介绍，具体内容读者可查阅 FX 系列 PLC 使用手册和相关的资料。

二、模拟量输出模块

很多工业现场不仅要求有模拟量的输入，还要求用模拟量的输出去控制生产设备。如 FX 系列的 PLC 模拟量输出模块 FX2N – 2DA 和模拟量输入输出模块 FX0N – 3A 经常被选用。

1. 模拟量输出模块 FX2N – 2DA

FX2N – 2DA 模拟量输出模块是 FX 系列专用的模拟量输出模块，该模块将 12 位数字信号转换为模拟量电压或电流输出。它有 2 个模拟输出通道，3 种输出量程：DC0 ~ 5 V（分辨率 1.25 mV）、0 ~ 10 V（分辨率 2.5 mV）和 4 ~ 20 mA（分辨率 4 μA），D/A 转换时间为 4 ms/通道。模拟量输出端通过双绞线屏蔽电缆与负载相连。使用电压输出时，负载一端接在 "VOUT" 端，另一端接在短接后的 "IOUT" 和 "COM" 端。电流型负载接在 "IOUT" 和 "COM" 端。

FX2N – 2DA 模块在出厂时，调整为输入数字值为 0 ~ 4 000，对应于输出电压 0 ~ 10 V。若用于电流输出，则需要使用 FX2N – 2DA 上的调节电位器对偏置值和增益值重新进行调

整，电位器向顺时针方向旋转时，数字值增加。

增益可以设置任意值，为了充分利用 12 位的数字值，建议输入数字范围为 0～4 000。例如 4～20 mA 电流输出时，调节 20 mA 模拟输出量对应的数字值为 4 000。电压输出时，其偏置值为 0；电流输出时，4 mA 模拟输出量对应数字输入值为 0。

FX2N－2DA 模块共有 32 个缓冲寄存器 BFM，但是只使用了下面两个：

（1）BFM#16 的低 8 位（b7～b0）用于写入输出数据的当前值，高 8 位保留。

（2）BFM#17 的 b0 位从"1"变为"0"时，通道 2 的 D/A 转换开始；b1 位从"1"变为"0"时，通道 1 的 D/A 转换开始；b2 位从"1"变为"0"时，D/A 转换的低 8 位数据被锁存，其余各位没有意义。

FX2N－2DA 与 PLC 及所控设备接线图如图 5—4—5 所示。

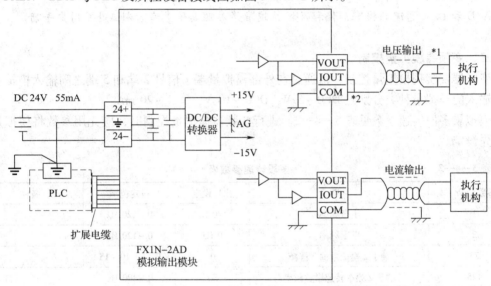

图 5—4—5　FX2N－2DA 模拟量输出模块的接线图

 提示

①当电压输出存在波动或有大量噪声时，在图中位置外接 0.1～0.47 μF25 V 的电容。
②对于电压输出，须将 IOUT 和 COM 进行短接。

2. 模拟量输入/输出模块 FX0N－3A

FX0N－3A 是三菱公司的模拟量输入输出模块，它有 2 路模拟量输入通道（DC 0～10 V 或 DC4～20 mA）和 1 路模拟量输出通道（DC0～10 V 或 DC0～5 V）。输入通道将现场的模拟信号转化为数字量送给 PLC 处理，输出通道将 PLC 中的数字量转化为模拟信号输出给现场设备。A/D 转换时间为 100 μs，D/A 处理速度是 TO 指令处理时间的 3 倍，FX0N－3A 的最大分辨率为 8 位，可以连接 FX2N、FX2NC、FX1N、FX0N 系列的 PLC，FX0N－3A 占用 PLC 的扩展总线上的 8 个 I/O 点，8 个 I/O 点可以分配给输入或输出。

FX0N‑3A 模块共有 32 个缓冲寄存器 BFM，但是只使用了下面三个：

（1）BFM#0 的低 8 位（b7 ~ b0）用于存放 A/D 通道的当前值输入数据，高 8 位保留。

（2）BFM#16 的低 8 位（b7 ~ b0）用于存放 D/A 通道的当前值输出数据，高 8 位保留。

（3）BFM#17 的 b0 为 0 时选择通道 1，为 1 时选择通道 2；b1 位由 "0" 变为 "1" 启动 A/D 转换；b2 位由 "0" 变为 "1"，启动 D/A 转换；b3 ~ b7 位保留，高 8 位没有意义。

 提示

A/D 和 D/A 通道的校准、偏移及增益校准请参照其他参考资料或 FX 用户手册。

三、变频器模拟量控制

变频器要实现模拟量控制，可通过在外部模拟量端子信号 2 端和 5 端之间输入模拟量信号。输入的模拟量种类分别是 DC0 ~ 5 V，DC0 ~ 10 V，DC4 ~ 20 mA。

模拟量多段转速参数见表 5—4—2。进行变频器模拟量控制时，应先用参数将模拟量输入预先设定。

表 5—4—2　　　　　　　　　　　　　　多段转速参数表

参数号 Pr.	功能	出厂设定	设定范围	备注
1	上限频率	120 Hz	0 ~ 120 Hz	
2	下限频率	0 Hz	0 ~ 120 Hz	
73	端子 2 模拟量输入选择	0	0 ~ 5、10 ~ 15	
125	端子 2 频率转速增益频率	50	0 ~ 400 Hz	

 提示

从上述表中可看出，模拟量速度输入信号端子 2 端和 5 端的转速控制相关参数有 Pr.73、Pr.125。

 任务实施

一、分析本任务控制要求，列出 PLC、触摸屏的 I/O、内部继电器（位元件和字元件）与外部元件对应关系表

根据任务控制要求，可确定 PLC 和触摸屏的 I/O、内部继电器（位元件和字元件）与外部元件对应关系表见表 5—4—3。

表 5—4—3 I/O、内部继电器与外部元件对应关系（位元件和字元件）

名称	元件代号	输入继电器	作用
输入	SB1	X001	外部启动按钮
	SB2	X002	外部停止按钮
	SB3	X003	外部升速按钮
	SB4	X004	外部降速按钮
名称	元件代号	PLC 输出	作用
输出	STF	Y000	变频器正转控制
	2	VOUT1	输出到变频器的模拟量
内部继电器	D10		触摸屏字串指示：变频器频率显示
	D20		触摸屏字串指示：电动机转速显示
	M1		触摸屏启动触摸键
	M2		触摸屏停止触摸键
	M3		触摸屏升速触摸键
	M4		触摸屏降速触摸键

二、画出 PLC、触摸屏控制变频器接线图

PLC、触摸屏控制变频器接线图如图 5—4—6 所示。

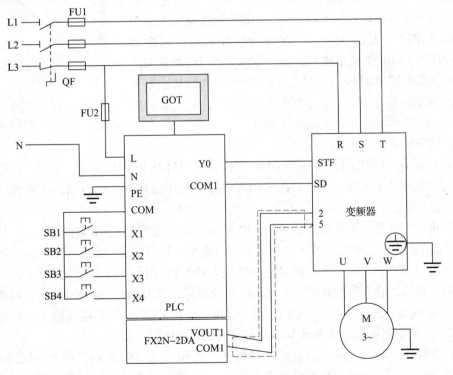

图 5—4—6 触摸屏、PLC 控制变频器运行电气原理图

三、PLC 程序设计

根据控制要求可知，本任务是触摸屏及外部按钮正转控制，PLC 模拟量调速控制，其控制程序的设计主要包括以下几方面。

1. 正转控制程序的设计

根据控制要求，先设计出本任务的触摸屏及外部按钮控制电动机正转控制梯形图程序，如图 5—4—7 所示。

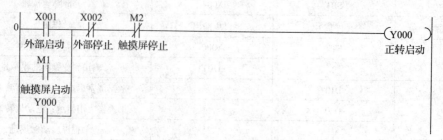

图 5—4—7　正转控制梯形图程序

2. 升降速控制程序的设计

根据模拟量模块 FX2N – 2DA 的输出特性可以把 0 ~ 4 000 的数字量转换为 0 ~ 10 V 电压输出，其输出特性如图 5—4—8 所示。

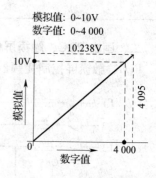

图 5—4—8　FX2N – 2DA 输出特性

根据 FX2N – 2DA 输出特性，在设计程序时，只要把需转换的数据放置在数据存储器 D0 中，利用模拟量模块写入指令（WR3A）把该数字量转为 0 ~ 10 V 电压，并从模拟量模块 FX2N – 2DA 的 VOUT1 通道输出，通过控制变频器模拟量电压来控制变频器的输出频率。即数据存储器 D0 存放的是控制变频器输出频率的数字量，控制 D0 的值便控制了变频器的频率。图 5—4—9 所示为升降速控制梯形图。

程序说明如下：

（1）在图 5—4—9 中，停车时用复位指令（RST）把 D0 清零，通过 D/A 转换后 VOUT1 通道输出 0 V 电压，保证每次启动时模拟量电压由 0 V 开始启动，变频器输出由最低频率开始升速。

（2）由于变频器模拟量输入端由 0 ~ 10 V 变化时，变频器输出频率由 0 ~ 50 Hz 变化，即模拟量输入端电压变化 0.2 V 时，变频器输出变化 1 Hz，根据 FX2N – 2DA 输出特性，当数字量由 0 ~ 4 000 变化时，转换输出的电压为 0 ~ 10 V，因此电压每变化 0.2 V，对应的数字量为 80。所以，在升速控制时，通过加法脉冲型指令（ADDP）对 D0 加 80，每按一次升速按钮，D0 累加一次 80，一直加到 4 000，模拟量模块 FX2N – 2DA 电压输出也相应地每次增加 0.2 V，变频器输出频率上升 1 Hz，一直升到 50 Hz。

（3）在降速控制时，通过减法脉冲型指令（SUBP）对 D0 减 80，每按一次降速按钮，D0 减一次 80，一直减到 0，模拟量模块 FX2N – 2DA 电压输出也相应地每次减去 0.2 V，变频器输出频率下降 1 Hz，一直降到 0 Hz。

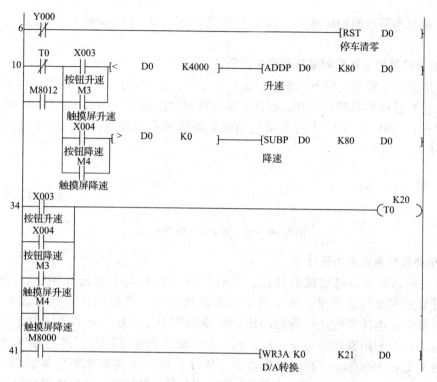

图 5—4—9 升降速控制梯形图

（4）为了使需要升速时速度能迅速上升，本程序设计了快速升速程序，当连续按升速按钮 2 s 时，定时器 T0 常闭断开，利用 100 ms 脉冲 M8012 来给加法指令工作，使 D0 的数字由 0 上升到 4 000 时只需 5 s，即 5 s 使变频器频率由 0 Hz 上升到 50 Hz。

（5）为了能使需要降速时迅速降速，本程序还设计了快速降速程序，当连续按降速按钮 2s 时，定时器 T0 常闭断开，利用 100 ms 脉冲 M8012 来给减法指令工作，使 D0 的数字由 4 000 下降到 0 时只需 5 s，即 5 s 使变频器频率由 50 Hz 下降到 0 Hz。

（6）本程序利用模拟量模块写入指令（WR3A）把 D0 的数字量转换为模拟量电压，该指令格式为：

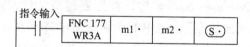

m1·：特殊模块编号
　　　FX3U PLC：K0~K7
　　　　FX3UC PLC：K1~K7（K0为内置的CC-Link/LT主站）
m2·：模拟量输出通道编号
　　　FX0N-3A：K1（通道1）
　　　FX2N-3DA：K21（通道1），K22（通道2）
(S·)：写入数据
　　　指定输出到模拟量模块的数值。
　　　FX0N-3A：0~255（8位）
　　　FX2N-3DA：0~4 095（12位）

（7）根据本系统的硬件连接，模拟量模块 FX2N - 2DA 的编号为 K0，通道 1 的编号为 K21。

3. 触摸屏监控变频器频率显示程序的设计

触摸屏监控变频器的输出频率一般使用通信模式来实现，在条件不具备的情况下使用计算的方法来显示频率的近似值，本任务就是利用除法指令（DIV）把 D0 的数据除以 80 后的值储存在 D10 中，D10 中的数值便是变频器频率的近似值，其频率显示梯形图程序如图 5—4—10 所示。

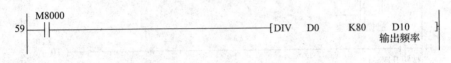

图 5—4—10 频率显示梯形图程序

4. 电动机转速显示的设计

要真实且精确显示电动机的转速，一般使用 PLC 对与电动机同轴安装的编码器进行高速计数来实现转速测量，在条件不具备的情况下，可使用计算的方法来显示电动机转速近似值，本任务所使用的电动机的额定频率为 50 Hz，额定转速为 2 800 r/min，根据近似计算，利用额定转速 2 800 r/min 除以额定频率 50 Hz，得到频率变化 1 Hz，电动机转速变化 56 r/min，利用乘法指令（MUL）把 D10 的频率数据乘以 56 后的值储存在 D20 中，D20 中的数值便是电动机的转速近似值，转速显示梯形图程序如图 5—4—11 所示。

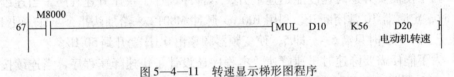

图 5—4—11 转速显示梯形图程序

5. 本任务控制的完整梯形图程序

综上所述，可设计出本任务控制的梯形图，如图 5—4—12 所示。

四、程序输入

启动 MELSOFT 系列 GX Developer 编程软件，首先创建新文件，并命名为"触摸屏、PLC、变频器综合实现电动机调速控制"，运用前面课题所学的梯形图输入法，输入如图 5—4—12 所示的梯形图。

五、触摸屏监控画面的制作

1. 首页画面制作

运用前一任务介绍的方法进行本任务触摸屏控制首页的制作，按要求制作完毕后的首页画面如图 5—4—13 所示。

2. 监控画面制作

根据控制要求设计触摸屏的启动按钮、停止按钮、升速按钮、降速按钮；各按钮的控制位软元件分别为 M1、M2、M3、M4；设计电动机启动的指示灯显示，指示灯的控制位软元件为 Y0，设计好的按钮及指示灯如图 5—4—14 所示。

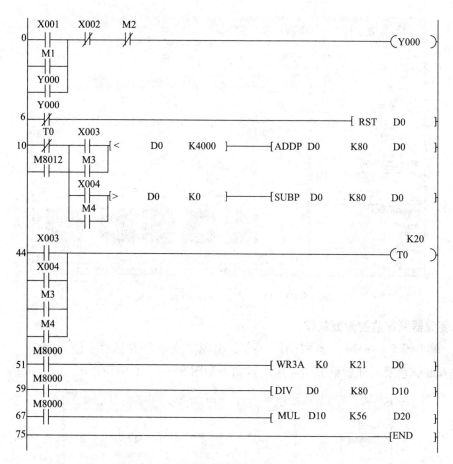

图 5—4—12 模拟量调速正转控制梯形图

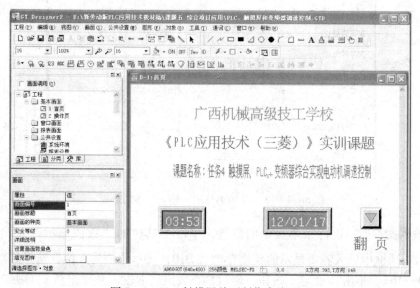

图 5—4—13 触摸屏首页制作完毕画面

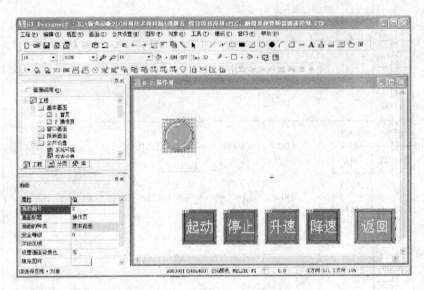

图 5—4—14 按钮、指示灯设计画面

3. 变频器频率监控画面制作

（1）单击图 5—4—14 工具栏的"**A**"，出现"文本"对话框，输入文字"变频器频率："选择好颜色及尺寸后单击"确定"按钮，如图 5—4—15 所示。

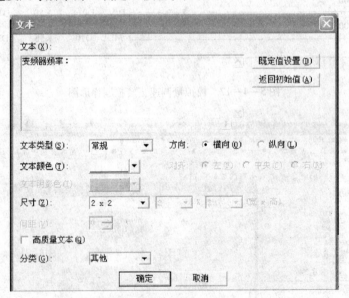

图 5—4—15 "频率显示"输入文本对话框

（2）输入文本后，进行频率显示的设置，单击工具栏的"数值显示"工具"123 "，在数值显示对话框中输入需要显示的频率存储器 D10，显示位数为 2 位，选择好颜色及尺寸（见图 5—4—16），单击"确定"按钮，然后再在数值后面输入频率单位"赫兹"文字，制作完的画面如图 5—4—17 所示。

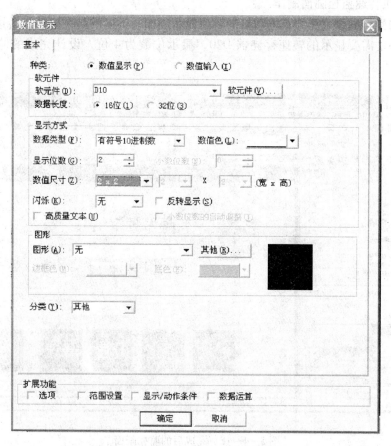

图 5—4—16 "频率显示"输入后的数值显示文本框

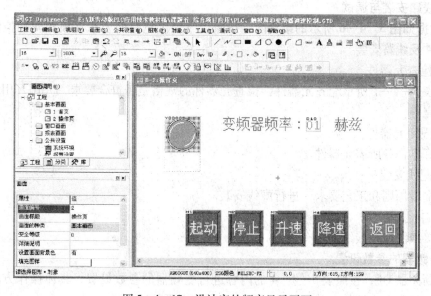

图 5—4—17 设计完的频率显示画面

4. 电动机转速监控画面制作

用同样的操作制作方法编辑电动机的转速显示画面，不同的是在电动机转速数值显示对话框中输入的是需要显示的转速存储器 D20，显示位数为 4 位，设计完成的监控画面如图 5—4—18 所示。

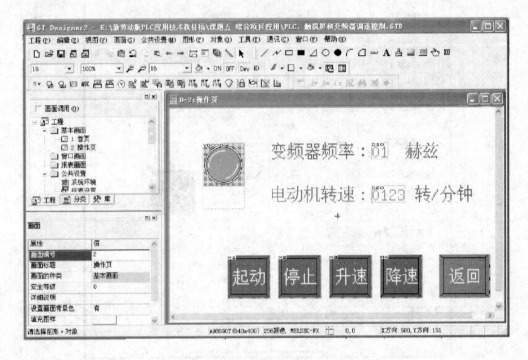

图 5—4—18　完成后的监控画面

六、线路安装与调试

1. 根据如图 5—4—6 所示的接线图，按照以下安装电路的要求在模拟实物控制配线板上进行元件及线路安装。

（1）检查元器件

根据表 5—4—1 所示配齐元器件，检查元器件的规格是否符合要求，并用万用表检测元器件是否完好。

（2）固定元器件

固定好本任务所需元器件。

（3）配线安装

根据配线原则和工艺要求，进行配线安装。

（4）自检

对照接线图检查接线是否有误。

2. 变频器的参数设置

合上断路器 QF，按照表 5—4—4 的内容进行变频器的参数设置，具体操作方法及步骤可参见前面任务中介绍的有关参数设置方法，在此不再赘述。

表 5—4—4 变频器参数设置表

参数号	参 数 名 称	参数值
Pr. 1	上限频率	50
Pr. 2	下限频率	0
Pr. 73	端子2模拟量输入选择	0
Pr. 125	端子2频率转速增益频率	50
Pr. 79	运行模式选择	2

3. 程序的下载

（1）进行 PLC 的程序下载，下载方法同本教材前面任务所述。

（2）触摸屏的数据传输。根据前面任务介绍的数据的下载和上载传输方法，将制作完成的屏幕工程下载到 GOT 或将 GOT 中的数据上载到计算机。

4. 通电调试

（1）经自检无误后，在指导教师的指导下，方可通电调试。

（2）首先接通系统断路器 QF，将 PLC 的 RUN/STOP 开关拨到"RUN"的位置，然后通过计算机上的 MELSOFT 系列 GX Developer 软件中的"监控/测试"监视程序的运行情况，再按照表 5—4—5 进行操作，观察系统运行情况并做好记录。如出现故障，应立即切断电源，分析原因、检查电路或梯形图，排除故障后，方可进行重新调试，直到系统功能调试成功为止。

表 5—4—5 程序调试步骤及运行情况记录表

操作步骤	操作内容	观察内容	观察结果	思考内容
第一步	打开触摸屏电源开关			
第二步	用手指触摸点击屏幕首页上翻页按钮			
第三步	按下 SB1			
第四步	多次点动按下 SB3			
第五步	连续按下 SB3 超过 2 s	电动机运行和变频器显示屏及触摸屏屏幕的情况		
第六步	多次点动按下 SB4			
第七步	连续按下 SB4 超过 2 s			
第八步	按下 SB2			
第九步	用手指触摸点击屏幕操作页上启动按钮			
第十步	多次点动按下触摸屏幕操作页上升速按钮			

续表

操作步骤	操作内容	观察内容	观察结果	思考内容
第十一步	连续按下触摸屏幕操作页上升速按钮超过 2 s	电动机运行和变频器显示屏及触摸屏屏幕的情况		理解 PLC 触摸屏和变频器工作过程
第十二步	松开触摸屏幕操作页上升速按钮			
第十三步	多次点动按下触摸屏幕操作页上降速按钮			
第十四步	连续按下触摸屏幕操作页上降速按钮超过 2 s			
第十五步	松开触摸屏幕操作页上降速按钮			
第十六步	用手指触摸点击屏幕操作页上停止按钮			
第十七步	用手指触摸点击屏幕操作页上返回按钮			

操作提示

在进行触摸屏、PLC 控制变频器实现三相异步电动机变频调速运行控制的设计及线路安装与调试过程中，时常会遇到如下问题：

问题1：编程设计完成后，在进行试机调试时 PLC 模拟量没有输出。

后果及原因：这是因为在使用 WR3A 指令时没有根据 PLC 模拟量模块的安装位置进行编号。

预防措施：使用 WR3A 指令时，要根据 PLC 模拟量模块的安装位置确定其模块的编号，根据接线的通道确定指令的通道号。

问题2：在进行试机调试时，当变频器输入的电压到达 5 V 时，变频器输出频率达到最高。

后果及原因：这是因为变频器的参数 Pr.73 没有设置正确。

预防措施：根据变频器模拟量输入的三种形式正确设置 Pr.73 参数，如果为电流输入，还要进行"电压/电流输入切换开关"的切换选择。

任务测评

对任务实施的完成情况进行检查，并将结果填入表5—4—6内。

表 5—4—6   评分标准

序号	主要内容	考核要求	评分标准	配分	扣分	得分
1	电路设计	根据任务，设计电路电气原理图，列出 PLC、触摸屏的 I/O 端口、内部继电器与外部元件对应关系表，根据加工工艺，设计梯形图及 PLC、触摸屏、变频器控制接线图	1. 电气控制原理图设计功能不全，每缺一项功能扣5分 2. 电气控制原理图设计错，扣20分 3. 输入输出地址遗漏或错误，每处扣5分 4. 梯形图表达不正确或画法不规范每处扣1分 5. 接线图表达不正确或画法不规范每处扣2分	70		
2	程序输入和变频器参数设置及运行调试	熟练正确地将所编程序输入 PLC、触摸屏；按照被控设备的动作要求，进行变频器的参数设置，并运行调试，达到设计要求	1. 不会熟练操作 PLC 键盘输入指令扣2分 2. 不会用软件进行触摸屏的文本输入、参数设置、图形制作等，每项扣2分 3. 参数设置错误1处扣5分，不会设置参数扣10分 4. 通电试车不成功扣50分 5. 通电试车每错1处扣10分			
3	安装与接线	按 PLC、触摸屏、变频器控制接线图在模拟配线板正确安装，元件在配线板上布置要合理，安装要准确紧固，配线导线要紧固、美观，导线要进走线槽，导线要有端子标号	1. 试机运行不正常扣20分 2. 损坏元件扣5分 3. 试机运行正常，但不按电气原理图接线，扣5分 4. 布线不进走线槽，不美观，主电路、控制电路每根扣1分 5. 接点松动、露铜过长、反圈、压绝缘层，标记线号不清楚、遗漏或误标，引出端无别径压端子，每处扣1分 6. 损伤导线绝缘或线芯，每根扣1分 7. 不按 PLC、触摸屏和变频器控制接线图接线，每处扣5分	20		
4	安全文明生产	劳动保护用品穿戴整齐；电工工具佩戴齐全；遵守操作规程；尊重考评员，讲文明礼貌；考试结束要清理现场	1. 考试中，违反安全文明生产考核要求的任何一项扣2分，扣完为止 2. 当考评员发现考生有重大事故隐患时，要立即予以制止，并每次扣安全文明生产总分5分	10		
合 计						
开始时间：			结束时间：			

知识拓展

一、模拟量输入模块

1. 模拟量模块简介

FX2N 系列 PLC 常用的模拟量模块有 FX2N – 2AD、FX2N – 4AD、FX2N – 8AD、FX2N – 4AD – PT（FX 与铂热电阻 Pt100 配合使用的模拟量输入模块）、FX2N – 4AD – TC（FX 与热电偶配合使用的模拟量输入模块）、FX2N – 2DA、FX2N – 4DA、FX0N – 3A（模拟量输出模块）和 FX2N – 2LC 等。

模拟量模块又分为通用模拟量模块和特殊模拟量模块。通用模拟量模块一般指 FX2N – 2AD、FX2N – 4AD、FX2N – 8AD 和 FX2N – 2DA、FX2N – 4DA 等，特殊模拟量模块一般指 FX2N – 4AD – PT、FX2N – 4AD – TC 和 FX2N – 2LC 等。

通用模拟量模块的通用性体现在输入或输出的电压是 0～5 V、0～10 V 或电流 4～20 mA，可以是单极性的，也可是双极性的，如 ±5 V、±10 V 和 ±20 mA，通用模拟量模块在实际工程中使用得最多。模拟量输入/输出流程示意图如图 5—4—19 所示。

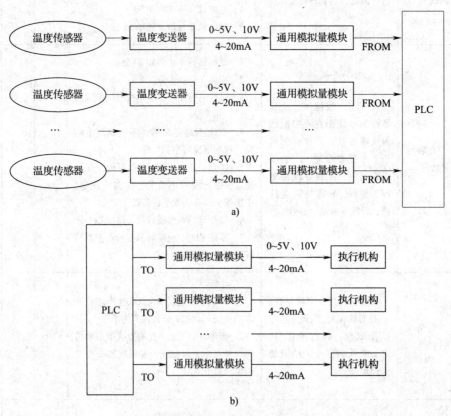

图 5—4—19　模拟量输入/输出流程示意图

a）模拟量输入　b）模拟量输出

图 5—4—19 中，变送器是用于将传感器提供的电量或非电量转换为标准的直流电流或直流电压信号。变送器分为电流输出型和电压输出型，电压输出型变送器具有恒压源的性质，PLC 模拟量输入模块的电压输出端输出阻抗很高。如果变送器距离 PLC 较远，通过线路间的分布电容和分布电感感应的干扰能力很差。电流输出型变送器具有恒流源性质，恒流源的内阻很大，PLC 的模拟量输出模块输入电流时，输入阻抗较低。线路上的干扰信号在模块的输入阻抗上产生的干扰电压很低，所以模拟量电流信号适于远程传送，最大传送距离可达 200 m。并非所有模拟量模块都需要变送器，如传感器（热电阻或热电偶）则直接与模块连接，无须温度变送器。

2. 模拟量输入模块 FX2N – 4AD

FX2N – 4AD 模拟量输入模块为 4 通道 12 位 A/D 转换模块，是一种高精度的、可直接接在扩展总线上的模拟量输入单元。根据外部接线方式的不同，可选择电压或电流输入，通过简易的调整或改变 PLC 的指令可以改变模拟量输入的范围。其接线如图 5—4—20 所示。

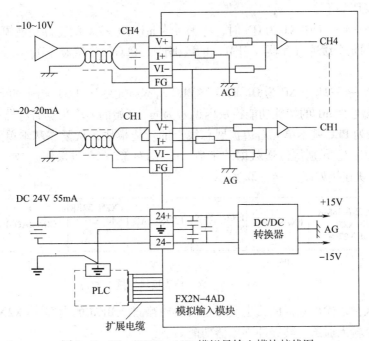

图 5—4—20 FX2N – 4AD 模拟量输入模块接线图

 提示

接线时应注意：①模拟信号通过双绞线屏蔽电缆与模块连接，电缆应远离电力线和其他可能产生电磁感应噪声的导线。②模块的 DC24 V 电源接在 "24 +" 和 "24 –" 端。③直流信号接在 "V +" 和 "VI –" 端，如果使用电流输入时，则必须将 "V +" 和 "I +" 端相短接。④将模块的接地端子和 PLC 基本单元的接地端子连接在一起后接地；如果输入有电压波动，或在外部接线中有电气干扰，可以接一个电容器（0.1 ~ 0.47 μF/25 V）；如果有较强的干扰信号，应将 "FG" 端接地。

3. 模拟量输入模块的读取方法

FX 系列 PLC 基本单元与特殊功能模块之间的数据通信是由 FROM/TO 指令来执行的。FROM 是基本单元从特殊功能模块读取数据的指令，TO 是从基本单元将数据写到特殊功能模块的指令。实际上读、写操作都是对特殊功能模块的缓冲存储器 BFM 进行。读、写指令格式如图 5—4—21 所示。

m1
m2
[D]
n
X1
FROM
K1
K29
K4M0
K1
m1
m2
[S]
n
X0
TO
K1
K12
D0
K1

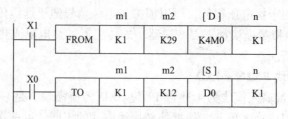

图 5—4—21　读、写特殊功能模块指令

指令使用说明如下：

（1）当图 5—4—21 中 X1 为 ON 时，将编号为 m1（0 ~ 7）的特殊功能模块内编号为 m2（0 ~ 31）开始的 n 个缓冲寄存器（BFM）的数据读入 PLC，并存入［D］开始的 n 个字的数据寄存器中。

（2）当图 5—4—21 中 X0 为 ON 时，将 PLC 基本单元中从［S］指令的元件开始的 n 个字的数据写到编号为 m1 的特殊功能模块内编号为 m2 开始的 n 个数据寄存器中。

接在 FX 系列 PLC 基本单元右边扩展总线上的功能模块，从紧靠基本单元的那个开始，其编号依次为 0 ~ 7。n 是待传送数据的字数，n = 1 ~ 32（16 位操作）或 1 ~ 16（32 位操作），其功能模块连接如图 5—4—22 所示。

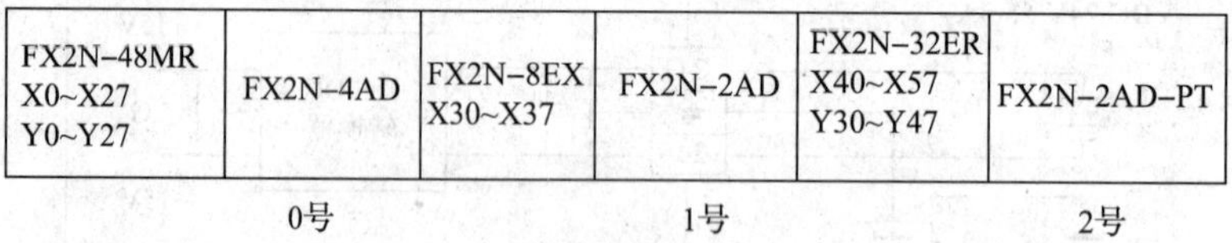

FX2N–48MR
X0~X27
Y0~Y27
FX2N–4AD
FX2N–8EX
X30~X37
FX2N–2AD
FX2N–32ER
X40~X57
Y30~Y47
FX2N–2AD–PT
0号
1号
2号

图 5—4—22　功能模块连接

模拟量输入模块输出数据的读出实际是读缓冲存储器 BFM 的内容。FX2N－4AD 模拟量输入模块有 4 个输入通道。其缓冲存储器功能如下：

1）BFM#0 中的 4 位十六进制数用来设置 1 ~ 4 通道的量程，最低位对应于通道 1。每一位十六进制数分别为 0 ~ 2 时，对应的通道的量程分别为 DC －10 ~ ＋10 V、4 ~ 20 mA 和 －20 ~ ＋20 mA，为 3 时关闭通道。

2）BFM#1 ~ 4 分别是通道 1 ~ 4 求转换数据平均值的采样周期数（1 ~ 4 096），默认值为 8。如果取 1 为高速运行（未取平均值）。

3）BFM#5 ~ 8 分别是通道 1 ~ 4 的转换数据的平均值。

4）BFM#9 ~ 12 分别是通道 1 ~ 4 的转换数据的当前值。

5）BFM#15 为 0 时为正常转换速度（15 ms/通道），为 1 时为高速转换（6 ms/通道）。

6）BFM#20 被设置为 1 时模块被激活，模块内的设置值被复位为默认值。用它可能快

速清除不希望的增益和偏置值。

7）BFM#29 为错误状态信息。当 b0 = 1 时有错误；b1 = 1 时存在偏置或增益错误；b2 = 1 时存在电源故障；b3 = 1 时存在硬件错误；b10 = 1 时数字输出值超出范围；b11 = 1 时平均值滤波周期数超出允许范围（1～4 096）；以上各位为 0 时表示正常，其余各位没有定义。

8）BFM#21 的（b1、b0）设为（1、0）时，禁止调节偏移量和增益，此时 BFM#29 的 b12 = 1；BFM#21（b1、b0）设为（0、1）时，允许调节偏移量和增益，此时 BFM#29 的 b12 = 0，系统默认值为允许。

9）BFM#30 存储 FX2N – 4AD 模块的标识码（即 K2 010），可以用 FROM 指令读出。

二、PLC 系统调试与维护

1. 系统调试

系统调试时首先按照原理图及规定接线方式连接硬件电路，接入电源，把程序传入 PLC 中，开关拨向 RUN 方式，检查 PLC 有无异常情况，若有则首先检查电源，然后检查系统的连接，再检查程序是否错误，特别是模拟量输入模块输入/输出指令及参数是否错误，最后是检查外围元器件是否损坏等。

2. 系统维护

PLC 的可靠性很高，但环境的影响及内部元件的老化等因素，也会造成 PLC 不能正常工作。如果能经常定期地做好维护、检修，就可以做到系统始终工作在最佳状态下。

3. 日常维护

（1）定时巡视。各 I/O 板指示灯指示状态表明了控制点的状态信息，通过观察设备运行状态信息判断 PLC 控制是否正常；观察散热风扇运行是否正常；观察 PLC 柜有无异味。

（2）定期检查。定期检查电源系统的供电情况，观察电源板的指示灯情况，通过测试孔测试电压；检查其工作温度；备用电池电压检查；检查仪表、设备输入信号是否正常；检查各控制回路信号是否正常；检查其工作温度；保证其工作环境良好；连接电缆、管缆和连接点检查；输入输出中间继电器的检查；执行机构的检查等。

（3）定期除尘。定期除尘可以保持电路板清洁，防止短路故障，提高元器件的使用寿命，对 PLC 控制系统是一种好的防护措施。另外出现故障也便于查找故障点。

（4）保持外围设备及仪表输入信号畅通。

（5）UPS 是 PLC 控制系统正常工作的重要外围设备，UPS 的日常维护也非常重要。UPS 的主要维护内容如下：

1）检查输入、输出电压是否正常。

2）定期除尘，根据经验每半年除尘一次。

3）检查 UPS 电池电压是否正常。

（6）经常测量 PLC 与其他仪表的公共接地电阻值。

（7）更换锂电池。由于存放在用户程序的随机存储器（RAM）、计数器和具有保持功能的辅助继电器等均用锂电池保护，锂电池的寿命大约为 5 年，当锂电池的电压逐渐降低到一定程度时，PLC 基本单元上电池电压跌落到指示灯亮，提示用户注意有锂电池所支持的程序还可保留一周左右，必须更换电池，这是日常维护的主要内容。

4. 故障检修

PLC 控制器因工作稳定、可靠而被广泛应用于生产实践中，虽然故障率低，但也有出故障的时候，当遇到 PLC 系统发生故障时，应从"问、闻、摸、看、查、换"几个方面着手进行检修。

（1）问

当 PLC 出现故障时，首先问现场工作人员，操作是否规范以及设备出现的故障现象，然后根据现象判别和推断引起故障的原因。

（2）闻

打开 PLC 控制柜，用鼻子闻一下，看是否有焦味或异味，看电气或电子元器件或线缆有无烧毁。

（3）摸

用手背去触摸 PLC 的 CPU，看其温度高不高，CPU 正常运行的温度一般不超过 60℃。

（4）看

看各板上的各模块指示灯是否正常。如：电源指示灯 POWER，运行指示灯 RUN，电池指示灯 BATT，运行故障指示灯 ERROR，PLC 的输入/输出指示灯等。

（5）查

根据出现的故障或现象，对照图样和工艺流程用万用表等检测工具来寻找和判断故障所在地。

（6）换

对不确定的部位采用部件替换法来确定故障。

5. 常见故障

PLC 系统发生故障主要集中在外围器件，控制器本身则较少，具体的故障分布如图5—4—23 所示。

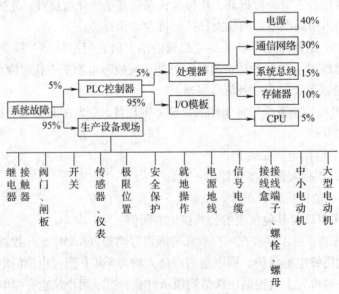

图5—4—23 系统故障分布

（1）PLC主机系统

PLC主机系统最容易发生故障的地方一般在电源系统和通信网络系统。电源在连续工作、散热中，电压和电流的波动冲击是不可避免的。通信网络受外部干扰的可能性大，因此外部环境是造成通信外部设备故障的最大因素之一。系统总线的损坏主要是由于现在PLC多为插件结构，长期使用插拔模块会造成局部印制板或底板、接插件接口等处的总线损坏。在空气温度、湿度变化的影响下，总线的塑料老化、印制线路老化、接触点的氧化等都是系统总线损耗的原因。

（2）PLC的I/O端口

PLC最大的薄弱环节在I/O端口。PLC的技术优势在于其I/O端口，在主机系统的技术水平相差无几的情况下，I/O模块是体现PLC性能的关键部件，因此它也是PLC损坏中的突出环节。要减少I/O模块的故障就要减少外部各种干扰对其影响，首先要按照其使用的要求进行使用，不可随意减少其外部保护设备；其次分析主要的干扰因素，对主要干扰源要进行隔离或处理。

（3）现场控制设备

在整个过程控制系统中最容易发生故障的地点是在现场，现场中最容易出现的故障集中在以下几方面：

1）第一类故障点（也是故障最多的地点）在继电器、接触器。

2）第二类故障点多发点在阀门或闸板这一类的设备上。

3）第三类故障点可能发生在开关、极限位置、安全保护和现场操作上的一些元件或设备上。

4）第四类故障点可能发生在PLC系统中的子设备，如接线盒、接线端子、螺栓、螺母等处。

5）第五类故障点是传感器和仪表，这类故障在控制系统中一般反映在信号不正常。

6）第六类故障主要是电源、接地线和信号线的噪声（干扰），问题的解决或改善主要在于工程设计时的经验和日常维护中的观察分析。

其余的故障原因也很多，例如电动机、设备等，要降低故障率，很重要的一点就是要重视工厂工艺和安全操作规程，在日常的工作中要遵守工艺和安全操作规程，并严格执行一些相关的规定。

巩固与提高

一、填空题（请将正确的答案填在横线空白处）

1. 三菱PLC有许多特殊功能模块，而模拟量模块是其中的一种，它包括_____模块和_____模块。

2. 数模转换模块可将一定的_____转换成对应的_____（电压或电流）输出，这种转换具有较高的精度。

3. 当前，PLC的特殊功能模块大致可以分为_____类，温度测量与控制类，

＿＿＿＿＿＿＿＿＿＿类，＿＿＿＿＿＿＿＿等四大类。

4．A/D、D/A 转换类功能模块包括模拟量＿＿＿＿＿＿模块、模拟量＿＿＿＿＿＿＿＿模块两类。

5．A/D 转换功能模块的作用是将来自过程控制的＿＿＿＿＿＿＿信号，如电压、电流等连续变化的物理量（模拟量）直接转换为一定位数的＿＿＿＿＿＿＿信号，以供 PLC 进行运算与处理。

6．D/A 转换功能模块的作用是将 PLC 内部的＿＿＿＿＿＿信号转换为电压、电流等连续变化的物理量（模拟量）输出。它可以用于＿＿＿＿＿＿、伺服驱动器等控制装置的速度、位置控制输入，也可用来作为外部仪表的显示。

二、选择题（将正确答案的序号填入括号内）

1．FX2N－2DA 模拟量输出模块是 FX 系列专用的模拟量输出模块，该模块将（　　　）位数字信号转换为模拟量电压或电流输出。

A．5　　　　　　　　B．8　　　　　　　　C．10　　　　　　　　D．12

2．FX2N－2DA 模拟量输出模块有（　　　）个模拟输出通道。

A．1　　　　　　　　B．2　　　　　　　　C．3　　　　　　　　D．4

3．FX2N－2DA 模拟量输出模块有（　　　）种输出量程。

A．1　　　　　　　　B．2　　　　　　　　C．3　　　　　　　　D．4

4．模拟量输出端通过（　　　）电缆与负载相连。

A．双绞线屏蔽　　　　B．双绞线　　　　　C．三芯　　　　　　　D．四芯

5．FX2N－2DA 模块在出厂时，调整为输入数字值为 0～4 000 对应于输出电压（　　　）V。

A．0～5　　　　　　　B．0～10　　　　　　C．0～12　　　　　　D．0～15

三、简答题

1．简述 PLC 系统调试应注意的问题。

2．PLC 系统的日常维护包含哪些内容？

3．PLC 系统有哪些常见故障？

四、技能题

1．题目：根据控制要求，用 PLC、触摸屏、变频器进行设计，并安装接线，设置有关参数、编写程序，综合调试。

在一台生产线上有两台电动机 M1 和 M2，其中电动机 M1 要求能实现正反转控制，启动时要求采用 Y—△降压启动。M2 由变频器控制。转换开关 SA1 用于选择控制目标，SA1 转向左，SB4、SB5、SB6 控制 M1 电动机；SA1 转向右，SB4、SB5、SB6 控制 M2 电动机，具体的控制要求如下：

（1）电动机 M1 的控制要求

1）把 SA1 转向左侧，选择按钮控制 M1，指示灯 HL1 亮，HL2 灭，此时的按钮 SB4 为 M1 电动机正转启动按钮，按钮 SB5 为 M1 电动机反转启动按钮，SB6 为 M1 电动机停止按钮。

2）电动机在停止状态时，按下 SB4，电动机接成 Y 形正转启动，延时 5 s 后自动转换为△运行。

3）电动机在停止状态时，按下 SB5，电动机接成 Y 形反转启动，延时 5 s 后自动转换

为△运行。

4）电动机在运行状态时，按下相反运行方向的启动按钮，电动机断电，3 s后才按要求进行Y—△降压启动。

5）电动机过载时，电动机立即断电，指示灯HL1以亮1 s，灭0.5 s的方式进行闪烁报警，同时蜂鸣器HA发出声音报警；当过载信号消除后报警停止。

（2）电动机M2的控制要求

1）系统通电后，把SA1转向右侧，选择按钮控制M2，指示灯HL2亮，HL1灭，此时按钮SB6控制变频器的电源，SB4为M2电动机升速按钮，SB5为M2电动机降速按钮。

2）按钮SB6为变频器的电源控制按钮。变频器未接通电源时，按下SB6，变频器通电；变频器得电但未运行时，按下SB6，变频器断电；变频器得电并运行时，按下SB6无效。

3）按钮SB4为M2电动机升速按钮，变频器得电但未运行时，按下SB4变频器运行，输出第1级频率，然后每按一次升速按钮，变频器的输出频率升高1级，最高为5级，1~5级对应的频率为：15 Hz，25 Hz，35 Hz，45 Hz，55 Hz。频率到达5级后升速按钮无效。

4）按钮SB5为M2电动机降速按钮，每按一次降速按钮，变频器的输出频率降低1级，频率到达1级后按降速按钮，变频器停止运行，此时按下降速按钮无效。

（3）触摸屏监控界面

利用触摸屏仿真软件GT Simulator2仿真功能来模拟触摸屏进行监控，触摸屏型号选择A960GOT（640×400）。触摸屏监控界面包括首页、M1控制界面和M2控制界面等3个界面。各界面制作的内容和元件摆放位置如图5—4—24所示。

触摸屏各界面功能说明如下：

1）图5—4—24a的首页界面功能

①显示的日期及时间为实际的日期和时间。

②按下"M1控制界面"按钮，直接进入M1控制界面。

③按下"M2控制界面"按钮，直接进入M2控制界面。

2）图5—4—24b的M1控制界面功能

①在电动机工作状态栏能根据电动机当前工作状态分别显示："停止""正转星形启动""正转三角形运行""反转星形启动""反转三角形运行""电动机故障！"。

②M1控制界面中的"正转启动""反转启动""停止"按钮分别控制电动机各个运行状态，不受SA1的控制。

③按下"首页"按钮，直接返回首页控制界面。

3）图5—4—24c的M2控制界面功能

①在变频器工作状态栏能根据电动机当前工作状态分别显示："停止""15 Hz运行""25 Hz运行""35 Hz运行""45 Hz运行""55 Hz运行"。

②M2控制界面中的"升速""降速""启动/停止"按钮分别控制电动机各个运行状态，不受SA1的控制。

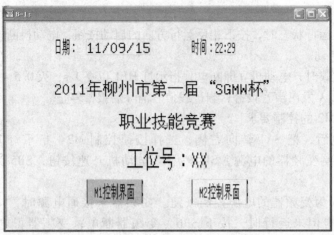

a)

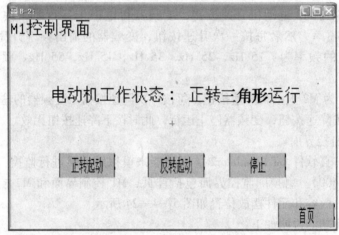

b)

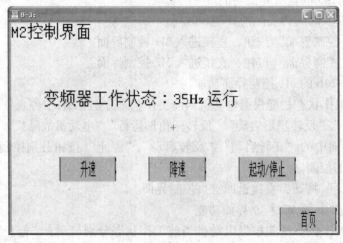

c)

图 5—4—24　触摸屏界面内容及元件设置位置画面

a) 首页界面内容及元件摆放位置　b) M1 控制界面内容及元件摆放位置

c) M2 控制界面内容及元件摆放位置

③按下"首页"按钮，直接返回首页控制界面。

（4）紧急停车

在紧急状态下，按下急停按钮 SB1，M1、M2 均立即停止运行。急停按钮 SB1 复位后，方能重新启动。

2. 考核要求

（1）电路设计

根据任务，设计电路原理图，根据加工工艺，设计触摸屏监控画面、PLC 梯形图和设置变频器参数。

（2）安装与接线

按原理图，在模拟配线板正确安装，元件在配线板上布置要合理，安装要准确紧固，配线导线要紧固、美观，导线要进走线槽，并标注线号。

（3）程序输入及调试

熟练操作，能正确地将所编程序输入 PLC；按照被控设备的动作要求进行模拟调试，达到设计要求。

（4）通电试验

正确使用电工工具及万用表，进行仔细检查，通电试验时注意人身和设备安全。

（5）考核时间分配

1）设计梯形图及 PLC 控制 I/O（输入/输出）口接线图及上机编程时间为 180 min。

2）安装接线时间为 60 min。

3）试机时间为 5 min。

（6）评分标准（参见表 5—4—6）

附录

附录1　　FX2N/ FX2NC 基本指令一览表

FX2N/FX2NC 系列 PLC 基本指令共有 27 条。基本指令分为触点指令、连接指令、线圈输出指令和其他指令。

分类	指令名称助记符	功能	梯形图及可用软元件
触点指令	LD 取	常开触点运算开始	XYMSTC
	LDI 取反	常闭触点运算开始	XYMSTC
	LDP 取脉冲上升沿	上升沿检测运算开始	XYMSTC
	LDF 取脉冲下降沿	下降沿检测运算开始	XYMSTC
	AND 与	常开触点串联	XYMSTC
	ANI 与非	常闭触点串联	XYMSTC
	ANDP 与脉冲上升沿	上升沿检测串联连接	XYMSTC
	ANDF 与脉冲下降沿	下降沿检测串联连接	XYMSTC

分类	指令名称助记符	功能	梯形图及可用软元件
触点指令	OR 或	常开触点并联	XYMSTC
	ORI 或非	常闭触点并联	XYMSTC
	ORP 或脉冲上升沿	上升沿检测并联连接	XYMSTC
	ORF 或脉冲下降沿	下降沿检测并联连接	XYMSTC
连接指令	ANB 电路块与	并联回路块串联连接	
	ORB 电路块或	串联回路块并联连接	
	MPS 进栈	数据入栈保存	MPS MRD MPP
	MRD 读栈	从栈读取数据	
	MPP 出栈	数据出栈	
线圈输出指令	OUT 输出	数据输出	YMSTC
	SET 置位	用于线圈接通保持	SET YMS
	RST 复位	用于线圈复位	RST YMSICD
	PLS 上升沿脉冲	上升沿微分检出	PLS YM
	PLF 下降沿脉冲	下降沿微分检出	PLF YM

续表

分类	指令名称助记符	功能	梯形图及可用软元件
其他指令	INV 反转	运算结果取反	
	NOP 无动作	无动作	变更程序中替代某些指令
	END 结束	顺控程序结束	顺控程序结束返回到 0 步

附录2　　FX 系列 PLC 功能指令一览表

分类	FNC NO.	指令助记符	指令表现形式	功能
程序流程控制指令	00	CJ	CJ　Pn	条件跳转：用于跳过顺序程序中的某一部分，这样可以减少扫描时间，并使"双线圈操作"成为可能
	01	CALL	CALL Pn	调用子程序：程序调用 [S·] 指针 Pn 指定的子程序。Pn（0～127）
	02	SRET	SRET	子程序返回：从子程序返回主程序
	03	IRET	IRET	中断返回
	04	ET	ET	允许中断
	05	DI	DI	禁止中断
	06	FEND	FEND	程序结束
	07	WDT	WDT	警戒时钟：顺控指令中执行监视定时器刷新
	08	FOR	FOR　S	循环范围开始，重复 [S·] 次
	09	NEXT	NEXT	循环范围终点，与 FOR 成对使用

分类	FNC NO.	指令助记符	指令表现形式	功能
传送和比较指令	10	CMP	⊢⊢—[CMP S1 S2 D]—	比较：［S1·］同［S2·］比较——→［D·］
	11	ZCP	⊢⊢—[ZCP S1 S2 S D]—	区间比较：［S·］同［S1·］~［S2·］比较——→［D·］，［D·］占3点
	12	MOV	⊢⊢—[MOV S D]—	传送：［S·］——→［D·］
	13	SMOV	⊢⊢—[SMOV S m1 m2 D n]—	移位传送：［S·］第m1位开始的m2个数位移到［D·］的第n个位置，m1、m2、n = 1 ~ 4
	14	CML	⊢⊢—[CML S D]—	取反传送：［S·］取反——→［D·］
	15	BMOV	⊢⊢—[BMOV S D n]—	成批传送：［S·］——→［D·］（n点→n点），［S·］包括文件寄存器，n≤512
	16	FMOV	⊢⊢—[FMOV S D n]—	多点传送：［S·］——→［D·］（1点→n点）；n≤512
	17	XCH	⊢⊢—[XCH D1 D2]—	数据交换：(D1) ←——→ (D2)
	18	BCD	⊢⊢—[BCD S D]—	BIN变换BCD：［S·］16/32位二进制数转换成4/8 BCD→［D·］
	19	BIN	⊢⊢—[BIN S D]—	BCD转换为BIN
四则运算及逻辑运算指令	20	ADD	⊢⊢—[ADD S1 S2 D]—	BIN加法：(S1) + (S2) ——→ (D)
	21	SUB	⊢⊢—[SUB S1 S2 D]—	BIN减法：(S1) - (S2) ——→ (D)
	22	MUL	⊢⊢—[MUL S1 S2 D]—	BIN乘法：(S1) × (S2) ——→ (D)
	23	DIV	⊢⊢—[DIV S1 S2 D]—	BIN除法：(S1) ÷ (S2) ——→ (D)

分类	FNC NO.	指令助记符	指令表现形式	功能
四则运算及逻辑运算指令	24	INC	⊢⊢——[INC │ D]—	BIN 加 1：(D) +1 ⟶ (D)
	25	DEC	⊢⊢——[DEC │ D]—	BIN 减 1：(D) −1 ⟶ (D)
	26	WAND	⊢⊢—[WAND│S1│S2│D]—	逻辑与：(S1) ∧ (S2) ⟶ (D)
	27	WOR	⊢⊢—[WOR│S1│S2│D]—	逻辑或：(S1) ∨ (S2) ⟶ (D)
	28	WXOR	⊢⊢—[WXOR│S1│S2│D]—	逻辑异或：(S1) ⊕ (S2) ⟶ (D)
	29	NEG	⊢⊢——[NEG │ D]—	求补码：(D) 按位取反 +1 ⟶ (D)
循环移位与移位指令	30	ROR	⊢⊢——[ROR│D│n]—	循环右移：执行条件成立，[D·] 循环右移 n 位（高位⟶低位⟶高位）
	31	ROL	⊢⊢——[ROL│D│n]—	循环左移：执行条件成立，[D·] 循环左移 n 位（低位⟶高位⟶低位）
	32	RCR	⊢⊢——[RCR│D│n]—	带进位循环右移：[D·] 带进位循环右移 n 位（高位⟶低位⟶ + 进位⟶高位）
	33	RCL	⊢⊢——[RCL│D│n]—	带进位循环左移：[D·] 带进位循环左移 n 位（低位⟶高位⟶ + 进位⟶低位）
	34	SFTR	⊢⊢—[SFTR│S│D│n1│n2]—	位右移：对于 [D·] 起始的 n1 位数据，右移 n2 位。移位后，将 [S·] 起始的 n2 位数据传送到 [D·] + n1 − n2 开始的 n2 中
	35	SFTL	⊢⊢—[SFTL│S│D│n1│n2]—	位左移：n2 位 [S·] 左移⟶n1 位的 [D·]，低位进，高位溢出

分类	FNC NO.	指令助记符	指令表现形式	功能
循环移位与移位指令	36	WSFR	├┤├──[WSFR┃S┃D┃n1┃n2]	字右移：n2 字[S·]右移──→[D·]开始的 n1 字，高字进，低字溢出
	37	WSFL	├┤├──[WSFL┃S┃D┃n1┃n2]	字左移：n2 字[S·]左移──→[D·]开始的 n1 字，低字进，高字溢出
	38	SFWR	├┤├──[SFWR┃S┃D┃n]	FIFO 写入：先进先出控制的数据写入，2≤n≤512
	39	SFRD	├┤├──[SFRD┃S┃D┃n]	FIFO 读出：先进先出控制的数据读出，2≤n≤512
数据处理指令	40	ZRST	├┤├──[ZRST┃D1┃D2]	成批复位：[D1·]~[D2·]复位，[D1·]＜[D2·]
	41	DECO	├┤├──[DECO┃S┃D┃n]	解码：[S·]的 n（n=1~8）位二进制数解码为十进制数
	42	ENCO	├┤├──[ENCO┃S┃D┃n]	编码：[S·]的 2^n（n=1~8）位的最高"1"位代表的位数（十进制数）编码为二进制数后──→[D·]
	43	SUM	├┤├──[SUM┃S┃D]	求置 ON 位的总和：[S·]中"1"的数目存入[D·]
	44	BON	├┤├──[BON┃S┃D┃n]	ON 位判断：[S·]中第 n 位为 ON时，[D·]为 ON（n=0~15）
	45	MEAN	├┤├──[MEAN┃S┃D┃n]	平均值：[S·]中 n 点平均值──→[D·]（n=1~64）
	46	ANS	├┤├──[ANS┃S┃m┃D]	标志置位：若执行条件为 ON，[S·]中定时器定时 n 秒后，标志位[D·]置位。[D·]为 S900~S999
	47	ANR	├┤├──[ANR]	标志复位：被置位的定时器复位
	48	SQR	├┤├──[SQR┃S┃D]	二进制平方根：[S·]平方根值──→[D·]
	49	FLT	├┤├──[FLT┃S┃D]	二进制整数与二进制浮点数转换：[S·]内二进制整数──→[D·]二进制浮点数

续表

分类	FNC NO.	指令助记符	指令表现形式	功能
高速处理指令	50	REF	⊣⊢─[REF S D]	输入输出刷新：指令执行，［D·］立即刷新。　［D·］为 X000、X010……，Y000、Y010……，n 为 8、16、……、256
	51	REFF	⊣⊢─[REFF S D]	滤波调整：输入滤波时间调整为 n ms，刷新 X0 ~ X17，n = 0 ~ 60
	52	MTR	⊣⊢─[MTR S D n1 n2]	矩阵输入（使用一次）：n 列 8 点数据以［D1·］输出的选通信号分时，将［S·］数据读入［D2·］
	53	HSCS	⊣⊢─[HSCS S1 S2 D]	比较置位（高速计数）：［S1·］=［S2·］时，［D·］置位，中断输出到 Y，［S2·］为 C235 ~ C255
	54	HSCR	⊣⊢─[HSCR S1 S2 D]	比较复位（高速计数）：［S1·］=［S2·］时，［D·］复位，中断输出到 Y，［D·］=［S2·］时，自复位
	55	HSZ	⊣⊢─[HSZ S1 S2 S D]	区间比较（高速计数）：［S·］与［S1·］、［S2·］比较，结果驱动［D·］
	56	SPD	⊣⊢─[SPD S1 S2 D]	脉冲密度：在［S2·］时间内，将［S1·］输入脉冲存入［D·］
	57	PLSY	⊣⊢─[PLSY S1 S2 D]	脉冲输出（使用一次）：以［S1·］的频率从［D·］送出［S2·］个脉冲；［S1·］范围为 1 ~ 1 000 Hz
	58	PWM	⊣⊢─[PWM S1 S2 D]	脉宽调制（使用一次）：输出周期［S2·］、脉冲宽度［S1·］的脉冲至［D·］。周期为 1 ~ 32 767 ms，脉宽为 1 ~ 32 767 ms
	59	PLSR	⊣⊢─[PLSR S1 S2 S3 D]	可调速脉冲输出（使用一次）：［S1·］最高频率：10 ~ 2 000 Hz；［S2·］总输出脉冲数；［S3·］增减速时间：500 ms 以下；［D·］脉冲输出

分类	FNC N0.	指令助记符	指令表现形式	功能
方便指令	60	IST	⊣ ⊢—［IST│S│D1│D2］	状态初始化（使用一次）：自动控制步进顺控中的状态初始化。［S·］为运行模式的初始输入；［D1·］为自动模式中的实用状态的最小号码；［D2·］为自动模式中的实用状态的最大号码
	61	SER	⊣ ⊢——［SER│S1│S2│D│n］	查找数据：检索以［S1·］为起始的n个与［S2·］相同的数据，并将其个数存于［D·］
	62	ABSD	⊣ ⊢—［ABSD│S1│S2│D│n］	绝对值式凸轮控制（使用一次）：对应［S2·］计数器的当前值，输出［D·］开始的n点由［S1·］内数据决定的输出波形
	63	INCD	⊣ ⊢—［INCD│S1│S2│D│n］	增量式凸轮控制（使用一次）：对应［S2·］计数器的当前值，输出［D·］开始的n点由［S1·］内数据决定的输出波形。［S2·］的第二个计数器统计复位次数
	64	TTMR	⊣ ⊢——［TTMR│D│n］	示教定时器：用［D·］开始的第二个数据寄存器测定执行条件ON的时间，乘以n指定的倍率存入［D·］，n为0~2
	65	STMR	⊣ ⊢——［STMR│S│m│D］	特殊定时器：m指定的值作为［S·］指定定时器的设定值，使［D·］指定的4个器件构成延时断开定时器、输入ON——→OFF后的脉冲定时器、输入OFF——→ON后的脉冲定时器、滞后输入信号向相反方向变化的脉冲定时器
	66	ALT	⊣ ⊢——［ALT│D］	交替输出：每次执行条件由OFF——→ON的变化时，［D·］由OFF——→ON、ON——→OFF……，交替输出
	67	RAMP	⊣ ⊢—［PAMP│S1│S2│D│n］	斜坡输出：［D·］的内容从［S1·］的值到［S2·］的值慢慢变化，其变化时间为n个扫描周期。n范围为1~32 767

续表

分类	FNC NO.	指令助记符	指令表现形式	功能
方便指令	68	ROTC	ROTC S m1 m2 D	旋转工作台控制（使用一次）：[S·]指定开始的 D 为工作台位置检测计数寄存器，其次指定的 D 为取出位置号寄存器，m1 为分度区数，m2 为低速运行行程。完成上述设定，指令就自动在[D·]指定输出控制信号
	69	SORT	SORT S m1 m2 D n	表数据排列（使用一次）：[S·]为排序表的首地址，m1 为行号，m2 为列号。指令将以 n 指定的列号，将数据大小开始进行整数排列，结果存入以[D·]指定的为首地址的目标元件中，形成新的排序表；m1 为 1~32，m2 为 1~6，n 为 1~m2
外部 I/O 设备指令	70	TKY	TKY S D1 D2	十键输入（使用一次）：外部十键键号依次为 0~9，连接于[S·]，每按一次键，其键号依次存入[D1·]，[D2·]指定的位元件依次为 ON
	71	HKY	HKY S D1 D2 D3	十六键输入（使用一次）：以[D1·]为选通信号，顺序将[S·]所按键号存入[D2·]，每次按键以 BIN 码存入，超出上限 9999，溢出；按 A~F 键，[D3·]指定位元件依次为 ON
	72	DSW	DSW S D1 D2 n	数字开关（使用二次）：四位一组（n=1）或四位二组（n=2）BCD，数字开关由[S·]输入，以[D1·]为选通信号，顺序将[S·]所按键号存入[D2·]
	73	SEGD	SEGD S D	七段码译码：将[S·]低四位指定的 0~F 的数据译成七段码显示的数据格式存入[D·]，[D·]高 8 位不变
	74	SEGL	SEGL S D n	带锁存七段码显示（使用二次）：四位一组（n=0~3）或四位二组（n=4~7）七段码，由[D·]的第二个四位为选通信号，顺序显示由[S·]经[D·]的第 1 个四位或[D·]的第 3 个四位输出的值

分类	FNC NO.	指令助记符	指令表现形式	功能
外部I/O设备指令	75	ARWS	⊢├──[ARWS┤S┤D1┤D2┤n]	方向开关（使用一次）：［D·］指定的位移位与各位数值增减用的箭头开关，［D1·］指定的元件中存放显示的二进制数，根据［D2·］指定的第2个四位输出的选通信号，依次从［D2·］指定的第1个四位输出显示。按位移开关，顺序选择所要显示位；按数值增减开关，［D1·］数值由0~9或9~0变化。n为0~3，选择选通位
	76	ASC	⊢├──[ASC┤S┤D]	ASCⅡ码转换：［S·］存入微机输入8个字节以下的字母数字。指令执行后，将［S·］转换为ASC码后送到［D·］
	77	PR	⊢├──[PR┤S┤D]	ASCⅡ码打印（使用两次）：将［S·］的ASCⅡ码⟶［D·］
	78	FROM	⊢├──[FROM┤m1┤m2┤D┤n]	BFM 读出：将特殊单元缓冲存储器（BFM）的n点数据读到［D·］；m1 = 0~7，特殊单元特殊模块号；m2 = 0~31，缓冲存储器（BFM）号码；n = 1~32，传送点数
	79	TO	⊢├──[TO┤m1┤m2┤S┤n]	写入BFM：将可编程序控制器［S·］的n点数据写入特殊单元缓冲存储器（BFM），m1 = 0~7，特殊单元特殊模块号；m2 = 0~31，缓冲存储器（BFM）号码；n = 1~32，传送点数
外部设备指令	80	RS	⊢├──[RS┤S┤m┤D┤n]	串行通信传递：使用功能扩展板进行发送接收串行数据［S·］为发送首地址，m为发送点数，［D·］为接收首地址，n为接收点数。m、n范围为0~256
	81	PRUN	⊢├──[PRUN┤S┤D]	八进制位传送：［S·］转换为八进制，送到［D·］
	82	ASCI	⊢├──[ASCI┤S┤m┤D]	HEX⟶ASCⅡ变换：将［S·］内HEX（十六进制）数据的各位转换成ASCⅡ码向［D·］的高低8位传送。传送的字符数由m指定，n范围为1~256

分类	FNC NO.	指令助记符	指令表现形式	功能
外部设备指令	83	HEX	HEX S D n	ASCⅡ——HEX 变换：将［S·］内高低 8 位的 ASCⅡ（十六进制）数据的各位转换成 HEX 向［D·］的高低 8 位传送。传送的字符数由 n 指定，n 范围为 1~256
	84	CCD	VRRD S D	检验码：用于通信数据的校验。以［S·］指定的元件为起始的 n 点数据，垂直校验与奇偶校验送到［D·］与［D·］+1 的元件中
	85	VRRD	VRSC S D	模拟量输入：将［S·］指定的模拟量设定模块的开关模拟值 0~255 转换成 8 位 BIN 传送到［D·］
	86	VRSC	VRSC S D	模拟量开关设定：［S·］指定的开关刻度 0~10 转换为 8 位 BIN 传送到［D·］，［S·］：开关号码 0~7
	88	PID	PID S1 S2 S3 D	PID 电路运算：［S1·］设定目标值，［S2·］设定测定当前值；［S3·］~［S3·］+6 设定控制参数值；执行程序，运算结果被存入［D·］；［S3·］：D0~D975

附录3　　FX 系列 PLC 触点式比较指令一览表

触点式比较指令（FNC220~FNC249）有别于其他比较指令，它本身就像触点一样，而这些触点的通/断取决于比较条件是否成立。若比较条件成立则触点导通，反之就断开。这样，这些比较指令就可像普通触点一样放在程序的横线上，故又称为线上比较指令。按指令在线上的位置分为以下 3 大类。

类别	FNC NO.	指令助记符	指令表现形式	导通条件	不导通条件
LD 类比较触点	224	LD =	LD= S1 S2	［S1·］=［S2·］	［S1·］≠［S2·］
	225	LD >	LD> S1 S2	［S1·］>［S2·］	［S1·］≤［S2·］

类别	FNC NO.	指令助记符	指令表现形式	导通条件	不导通条件
LD 类比较触点	226	LD <	⊢[LD< |S1|S2|]○⊣	[S1·] < [S2·]	[S1·] ≥ [S2·]
	228	LD < >	⊢[LD<> |S1|S2|]○⊣	[S1·] ≠ [S2·]	[S1·] = [S2·]
	229	LD ≤	⊢[LD< = |S1|S2|]○⊣	[S1·] ≤ [S2·]	[S1·] > [S2·]
	230	LD ≥	⊢[LD> = |S1|S2|]○⊣	[S1·] ≥ [S2·]	[S1·] < [S2·]
AND 类比较触点	232	AND =	⊢⊢[AND= |S1|S2|]○⊣	[S1·] = [S2·]	[S1·] ≠ [S2·]
	233	AND >	⊢⊢[AND> |S1|S2|]○⊣	[S1·] > [S2·]	[S1·] ≤ [S2·]
	234	AND <	⊢⊢[AND< |S1|S2|]○⊣	[S1·] < [S2·]	[S1·] ≥ [S2·]
	236	AND < >	⊢⊢[AND<> |S1|S2|]○⊣	[S1·] ≠ [S2·]	[S1·] = [S2·]
	237	AND ≤	⊢⊢[AND< = |S1|S2|]○⊣	[S1·] ≤ [S2·]	[S1·] > [S2·]
	238	AND ≥	⊢⊢[AND> = |S1|S2|]○⊣	[S1·] ≥ [S2·]	[S1·] < [S2·]
OR 类比较触点	240	OR =	⊢⊢○⊣ / ⊢[OR= |S1|S2|]	[S1·] = [S2·]	[S1·] ≠ [S2·]
	241	OR >	⊢⊢○⊣ / ⊢[OR> |S1|S2|]	[S1·] > [S2·]	[S1·] ≤ [S2·]

续表

类别	FNC NO.	指令助记符	指令表现形式	导通条件	不导通条件
OR 类比较触点	242	OR <	OR< S1 S2	$[S1 \cdot]$ < $[S2 \cdot]$	$[S1 \cdot]$ ≥ $[S2 \cdot]$
	244	OR < >	OR<> S1 S2	$[S1 \cdot]$ ≠ $[S2 \cdot]$	$[S1 \cdot]$ = $[S2 \cdot]$
	245	OR ≤	OR< = S1 S2	$[S1 \cdot]$ ≤ $[S2 \cdot]$	$[S1 \cdot]$ > $[S2 \cdot]$
	246	OR ≥	OR> = S1 S2	$[S1 \cdot]$ ≥ $[S2 \cdot]$	$[S1 \cdot]$ < $[S2 \cdot]$

附录4　　FX2N 系列 PLC 的特殊软元件

1. PLC 的状态（M8000 ~ M8009、D8000 ~ D8009，见附表4—1）

附表 4—1　　　　　　　　　　FX2N 系列 PLC 的状态

元件号/名称	动作功能	元件号/名称	寄存器内容
M8000 RUN 监控常开触点	RUN M8004	D8000 警戒时钟	初始设置值 200 ms（PLC 电源接通时将 ROM 中的初始数据写入），可以 1 ms 为增量单位改写
M8001 RUN 监控常闭触点	M8000	D8001 PLC 型号及系统版本	
M8002 初始脉冲常开触点	M8001	D8002 存储器容量	002：2K 步；004：4K 步；008：8K 步
M8003 初始脉冲常闭触点	M8002 M8003 扫描时间	D8003 存储器类型	RAM/EEPROM/EPROM 内装/外接存储卡保护开关 ON/OFF 状态

元件号/名称	动作功能	元件号/名称	寄存器内容
M8004 出错	M8060 和/或 M8067 接通时为 ON	D8004 出错 M 编号	8060～8068（M8004 ON）
M8005 电池电压低下	电池电压异常低下时动作	D8005 电池电压	当前电压值（BCD 码），以 0.1 V 为单位
M8006 电池电压低下锁存	检出低电压后，若 ON，则将其值锁存	D8006 电池 电压低下时电压	初始值：3.0 V，PLC 上电时由系统 ROM 送入
M8007 电池瞬停检出	M8007 ON 的时间比 D8008 中数据短，则 PLC 将继续运行	D8007 瞬停次数	存储 M8007 ON 的次数，关电后数据全清
M8008 停电检出	若 ON——→OFF，就复位	D8008 停电检出时间	初始值 10 ms（1 ms 为单位）上电时，读入系统 ROM 中数据
M8009 DC24V 关断	基本单元、扩展单元、扩展块的任一 DC24V 电源关断则接通	D8009 DC24 V 关断的单元号	写入 DC24V 关断的基本单元、扩展单元、扩展块中最小的输入元件号

注：①用户程序不能驱动 M8000～M8009 元件。

②除非另有说明，D 中的数据通常用十进制表示。

③当用 220 V 交流电源供电时，D8008 中的电源停电时间检测周期可用程序在 10～100 ms 修改。

2. 时钟（M8010～M8019、D8010～D8019，见附表 4—2）

附表 4—2　　　　　　　　时钟（M8010～M8019、D8010～D8019）

元件号/名称	动作功能	元件号/名称	寄存器内容
M8010		D8010 当前扫描时间	当前扫描周期时间（以 0.1 ms 为单位）
M8011/10 ms 时钟	每 10 ms 发一脉冲	D8011 最小扫描时间	扫描时间的最小值（以 0.1 ms 为单位）
M8012/100 ms 时钟	每 100 ms 发一脉冲	D8012 最大扫描时间	扫描时间的最大值①（以 0.1 ms 为单位）
M8013/1 s 时钟	每 1 s 发一脉冲	D8013	RTC②秒数据 0～59
M8014/1 min 时钟	每 1 min 发一脉冲	D8014	RTC 分数据 0～59
M8015	ON，RTC 停走	D8015	RTC 时数据 0～23
M8016	ON，D8013～D8019 冻结 RYTC 仍正常行走	D8016	RTC 日期数据 1～31
M8017	ON 分钟取整数	D8017	RTC 月数据 1～12
M8018	ON 表示 RTC 安装完成	D8018	RTC 年数据 0～99
M8019	时钟数据设置超范围	D8019	RTC 星期几数据 0～6

注：①不包括在 M8039 接通时的定时扫描等待时间。

②RTC 为实时时钟。

3. 标志（M8020 ~ M8029、D8020 ~ D8029，见附表 4—3）

附表 4—3　　　　　　　　标志（M8020 ~ M8029、D8020 ~ D8029）

元件号/名称	动作功能	元件号/名称	寄存器内容
M8020 零标志	加减运算结果为"0"时置位	D8020	X0 ~ X17 输入滤波时间常数 0 ~ 60
M8021 错位标志	减运算结果小于最小负数值时置位	D8021	
M8022 进位标志	加运算有进位或结果溢出时置位	D8022	
M8024	BMOV 方向指定 FNC15	D8024	
M8025	外部复位 HSC 方式	D8025	
M8026	RAMP 保持方式	D8026	
M8027	PR16 数据方式	D8027	
M8028	执行 FROM/TO 过程中中断允许	D8028	Z0 数据寄存器
M8029	指令完成时置位如 DSW 指令	D8029	V0 数据寄存器

4. PLC 方式（M8030 ~ M8039、D8030 ~ D8039，见附表 4—4）

附表 4—4　　　　　　　PLC 方式（M8030 ~ M8039、D8030 ~ D8039）

元件号/名称	动作功能	元件号/名称
M8030 电池欠电压 LED 灯灭	M8030 接通后即使电池电压低下，PLC 面板上的 LED 灯也不亮	D8030
M8031 全清非保持存储器	M8031 和 M8032 为 ON 时，Y、M、S、T 和 C 的映像寄存器及 T、D、C 的当前值寄存器全部清零。由系统 ROM 置预置值的数据寄存器的文件寄存器中的内容不受影响	D8031
M8032 全清保持存储器		D8032
M8033 存储器保持	PLC 由 RUN ——STOP 时，映像寄存器及数据寄存器中的数据全部保留	D8033
M8034 禁止所有输出	虽然外部输出端全为"OFF"，但 PLC 中的程序及映像寄存器仍在运行	D8034
M8035① 强制 RUN 方式		D8035
M8036① 强制 RUN 信号	用 M8035、M8036、M8037 可实现双开关控制 PLC 起/停②。即 RUN 为启动按钮，X00 为停止按钮	D8036
M8037① 强制 STOP 信号		D8037
M8038	通信参数设置标志	D8038
M8039 定时扫描方式	M8039 接通后，PLC 以定时扫描方式运行，扫描时间由 D8039 设定	D8039

注：①PLC 由 RUN ——STOP 时，标有 1 的 M 继电器关断。

②无论 RUN 输入是否为 ON，当 M8035 或 M8036 由编程器强制为 ON 时，PLC 运行。PLC 运行时，若 M8037 强制置 OFF，则 PLC 停止运行。

5. 步进顺控（M8040 ~ M8049、D8040 ~ D8049，见附表4—5）

附表4—5　　　　　　步进顺控（M8040 ~ M8049、D8040 ~ D8049）

元件号/名称	操作/功能	元件号/名称	寄存内容
M8040 禁止状态转移	M8040 接通时禁止状态转移	D8040ON 状态编号 1	
M8041[①] 状态转移开始	自动方式时从初始状态开始转移	D8041ON 状态编号 2	
M8042 启动脉冲	启动输入时的脉冲输入	D8042ON 状态编号 3	状态 S0 ~ S999 中正在
M8043[①] 回原点完成	原点返回方式结束后接通	D8043ON 状态编号 4	动作的状态的最小编号，
M8044[①] 原点条件	检测到机械原点时动作	D8044ON 状态编号 5	存在 D8040 中，其他动
M8045 禁止输出复位	方式切换时，不执行全部输出的复位	D8045ON 状态编号 6	作的状态号由小到大依次存
M8046STL 状态置 ON	M8047ON 时若 S0 ~ S899 中任一接通则 ON	D8046ON 状态编号 7	在 D8041 ~ D8047 中（最
M8047STL 状态监控	接通后 D8040 ~ D8047 有效	D8047ON 状态编号 8	多8个)[②]
M8048 报警器接通	M8049 接通后 S900 ~ S999 中任一 ON 时接通	D8048	
M8049 报警器有效	接通时 D8049 的操作有效	D8049ON 状态最小编号	存储报警器 S900 ~ S999 中 ON 的最小编号

注：①PLC 由 RUN ——→STOP 时，M 继电器关断。

②执行 END 指令时所有与 STL 状态相连的数据寄存器都被刷新。

6. 出错检测（M8060 ~ M8069、D8060 ~ D8069，见附表4—6）

附表4—6　　　　　　出错检测（M8060 ~ M8069、D8060 ~ D8069）

编号	名称	PROGE 灯	PLC 状态	编号	数据寄存器内容
M8060	I/O 编号错	OFF	RUN	D8060	引起 I/O 编号错的第一个 I/O 元件号[①]
M8061	PLC 硬件错	闪动	STOP	D8061	PLC 硬件出错码编号
M8062	PLC/PP 通信错	OFF	RUN	D8062	PLC/PP 通信错的错码编号
M8063[②]	并联通信错	OFF	RUN	D8063[②]	并联通信的错码编号
M8064	参数错	闪动	STOP	D8064	参数错的错码编号
M8065	语法错	闪动	STOP	D8065	语法错的错码编号
M8066	电路错	闪动	STOP	D8066	电路错的错码编号
M8067[②]	操作错	OFF	RUN	D8067[②]	操作错的错码编号
M8068	操作错锁存	OFF	RUN	D8068	操作错的步序编号（锁存）
M8069[③]	I/O 总线检查	—	—	D8069	M8065 ~ M8067 错误的步序号

注：①如果对应于程序中所编的 I/O 号（基本单元、扩展单元、扩展模块上的）并未装在机上，则 M8060 置 ON，其最小元件号写入 D8060 中。

②当 PLC 由 STOP ——→ON 时断开。

③M8069 接通后，执行 I/O 总线校验，如果出错，将写入出错码6013且 M8061 置 ON。